JN023443

「言葉にできない気持ち」の言語化ノート

NHK「言葉にできない、そんな夜。」制作班

小学館

Contents

3章 ざわざわ

章 しみじみ

5章 どきどき

6章 じゅくじゅく

7章 モヤモヤ

8章

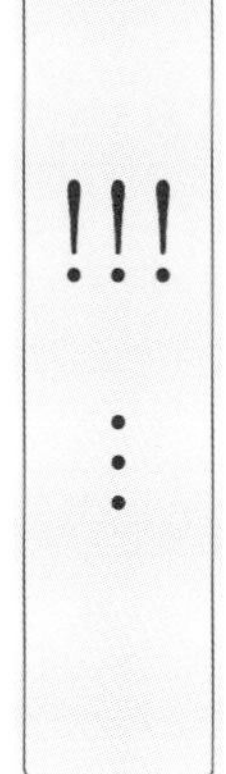

番 組 紹 介

「言葉にできない、そんな夜。」
とは
“エモいよりもぴったりくる
表現を探す番組”

日常の心が動く瞬間をテーマに、
気持ちにぴったり寄り添う言葉・表現を探していきます。
言葉にできない気持ち、 言葉のプロはどう表現する?

＊本書は、NHK Eテレにて2021年秋の２回と、2022年４月から９月までの全18回放送された中から、いくつかのお題をピックアップし、その時の出演者のトークを交えて再編集しています。
＊出演者のトークは、口語体を活かしつつも、読みやすいように適宜修正しています。

2021年〜2022年「言葉にできない、そんな夜。」(NHK Eテレ) 出演者一覧

＊ピンク色の名前の出演者は、本書にコメントが掲載されています。

2022年4月放送 (第1回〜第3回)

金原ひとみ

小説家。1983年生まれ。デビュー作『蛇にピアス』で2004年芥川賞受賞。緻密な描写で人物の心の奥底まで描き出す。

橋本 愛

女優。1996年生まれ。ドラマ・映画で活躍。SNSに書きつづる熱い胸の内も話題。

水野良樹

ソングライター。1982年生まれ。いきものがかりリーダー。多くの人々の共感を呼ぶ楽曲を制作。

桐山照史（ジャニーズWEST）

アイドル・俳優

2022年5月放送 (第4回〜第6回)

広末涼子

女優。1980年生まれ。映画・ドラマなどで活躍。2022年初エッセイを発表し、自分を表現。

朝井リョウ

小説家。1989年生まれ。『何者』で2013年直木賞受賞。『正欲』で2021年柴田錬三郎賞受賞。

吉澤嘉代子

＊「2021年10月・11月放送」欄参照。

小野花梨

女優

番組MC

小沢一敬

お笑い芸人。1973年生まれ。スピードワゴンのボケ・ネタ作り担当。数々の名言・迷言を生み出す。

2021年10月・11月放送 (第一夜・第二夜)

伊藤沙莉

俳優。1994年生まれ。映画・ドラマ・舞台で活躍。独特の言葉選びが"沙莉語"と呼ばれる。

ヒャダイン

音楽クリエイター。1980年生まれ。五感に訴える独特の歌詞とサウンドで多数のアーティストに楽曲提供。

吉澤嘉代子

シンガーソングライター。1990年生まれ。2014年デビュー。物語が浮かび上がるような歌詞が特徴。

小森 隼（GENERATIONS）

アーティスト

2022年7月～9月放送
(第13回～第15回)

木村カエラ

アーティスト。1984年生まれ。発想豊かな歌詞と親しみやすいメロディーでカラフルな音楽を創造。

金原ひとみ

＊「2022年4月放送」欄参照。

板垣李光人

俳優。2002年生まれ。古風で独特な言葉選びが話題。2023年大河ドラマ「どうする家康」に出演。

佐久間由衣

女優

2022年9月放送
(第16回～第18回)

村田沙耶香

作家。1979年生まれ。『コンビニ人間』で2016年芥川賞受賞。常識を問いかける独特の世界観が魅力。

川谷絵音

ミュージシャン。1988年生まれ。「indigo la End」「ゲスの極み乙女」など5バンドを率いる。聴く人に余白を残す歌詞が特徴。

井之脇 海

俳優。1995年生まれ。映画・ドラマ・舞台などで活躍。2022年連続テレビ小説「ちむどんどん」にも出演。

葵 わかな

女優

2022年6月放送
(第7回～第9回)

綿矢りさ

小説家。1984年生まれ。『蹴りたい背中』で2004年芥川賞受賞。女性の複雑な内面やささいな日常を描き出す。

美村里江

俳優・エッセイスト。1984年生まれ。ドラマ・映画など多数出演。エッセイの執筆や短歌も詠む。

ヒャダイン

＊「2021年10月・11月放送」欄参照。

崎山蒼志

シンガーソングライター。
2002年生まれ。2021年メジャーデビュー。独自の言語表現で注目を集める。

2022年7月放送
(第10回～第12回)

村山由佳

作家。1964年生まれ。『星々の舟』で2003年直木賞受賞。繊細な心理描写で恋愛小説からエッセイまで幅広く執筆。

石崎ひゅーい

シンガーソングライター。1984年生まれ。感情をまっすぐに伝える歌詞が魅力。多数のアーティストに楽曲提供も。

桐山照史（ジャニーズWEST）

アイドル・俳優

シシド・カフカ

ドラムボーカリスト

嬉しい、楽しい、悲しい……
言葉はいろいろあるけれど
この気持ちは　それだけでは語れない
私だけの言葉　もっともっと見つけたい！

1章

キュン

きゅんーと

［副］（スル）胸が締めつけられて涙が出そうになるさま。感動して急に気持ちが高ぶるさま。「胸がきゅんとなるラストシーン」

［デジタル大辞泉／小学館より（以下、同）］

お題

恋に落ちた瞬間

いつだってその時は突然にやって来る。
恋に落ちた。
恋が芽生えたまさにその瞬間、
この気持ち、何て言う？

胸がごっとんごっとんと高鳴るのを、どうしたら押し殺せるか、そのことばかりに気を取られていた。

――井伏鱒二「無心状」

井伏鱒二（1898-1993）
作家。昭和から平成にかけて活躍。独特のユーモアを交えて、庶民の感情を豊かに描いた。『山椒魚』『黒い雨』など。

伊藤沙莉（以下、伊藤）
「きゅんきゅん」が行きすぎると「ぎゅんぎゅん」という時がある。「どきどき」ではなく抑えられない感情だというのがすごく伝わる。

吉澤嘉代子（以下、吉澤）
オノマトペ（擬音語・擬態語）が登場する時は、言葉から感情が飛び出した時だと思っていて、「胸が」の後は大抵「どきどき」や「バクバク」。「ごっとんごっとん」は恋の暴走列車になってしまっている。それを井伏鱒二が書いているのがかわいくてたまらない。

ヒャダイン（以下、ヒャダ）
「押し殺せる」と「ごっとんごっとん」がすごく対極にあって面白い。感情的なものと冷静なものがあって。当時の男性は今ほど恋にオープンではない。そんな社会の中でも、湧き上がってきた自分のこの胸の高鳴り。けど、男らしくあれ、男らしさを目指して押し殺さなくちゃいけない。この二極が一瞬で伝わってきて、恋に落ちてんな、鱒二。

恋、という言葉がこの世になくても、
私はその言葉を今なら作り出せるだろう。
きみ、と呼ぶにも、私、と呼ぶにも不十分な、
それでもそれ以外の何も混ぜたくないこの瞬間に、
名前をつけるとしたら。恋しかない。

── 最果タヒ　書き下ろし

最果タヒ（1986〜）
詩人。デビュー作『グッドモーニング』で現代詩人の登竜門とされる中原中也賞を受賞。TwitterなどSNSを通じて発信し、さまざまな世代を魅了している。

吉澤
「何も混ぜたくない」「恋しかない」言い切りが強くて、それが純度を高めているなと。結婚とかを考え始めると、条件や相手のスペックを考えてしまいがち。走るのが速いから好きとかではなくなってきている自分を今見つめ直しました。こんなに純粋なものなんだと。

ヒャダ
「恋、という言葉が〜作り出せる」というのが本当に素敵で。感情は言葉によって確定していく。怒りという言葉があるから、今、自分が怒っているのだとわかる、白という言葉があるから、これが白なんだとわかるように、言葉が物事を確定していくのだけど、それがないとしても恋という感情が生まれたら、恋という言葉を作り出せるぐらいにこの感情はでかいんだということ。

小沢一敬（以下、小沢）
これに似たようなことを俺はしてきた。好きな子ができた時「君のことが好きだ」「I LOVE YOU」「愛している」と一番最初に言った人が地球上にいる。その人の感情と、俺が君に対して抱いている感情が同じなわけない。だから、地球にない言葉を言わなくちゃいけないと思って「俺、お前にらっちょのえる」「俺、めちゃくちゃらっちょのえる」って。

伊藤
かっこいいと思う。私だけの〝好き〟だから。

Em
Em
Am
Bm
毎日そんな気分だった。
毎日そんなコード進行。
君と出会った時
ギュイーンと始まった。
心臓が躍り出した。AED

――小沢一敬　書き下ろし

小沢一敬
→P8

小沢
恋をしていない味気ない毎日はマイナーコードの進行なんです。でも恋をした瞬間、その人とのふたりのロックンロール、曲が流れ出す。前奏がギュイーン。Aがキーの場合、それ以降はAEとDでしょ。AEDは心臓を復活させるからね。

伊藤
ギターにあまり詳しくないけど、心臓が踊りだしてAEDが必要なくらい大変なこと、という感じですかね。

お題

「キュンと来た」ってつまりどういうこと？

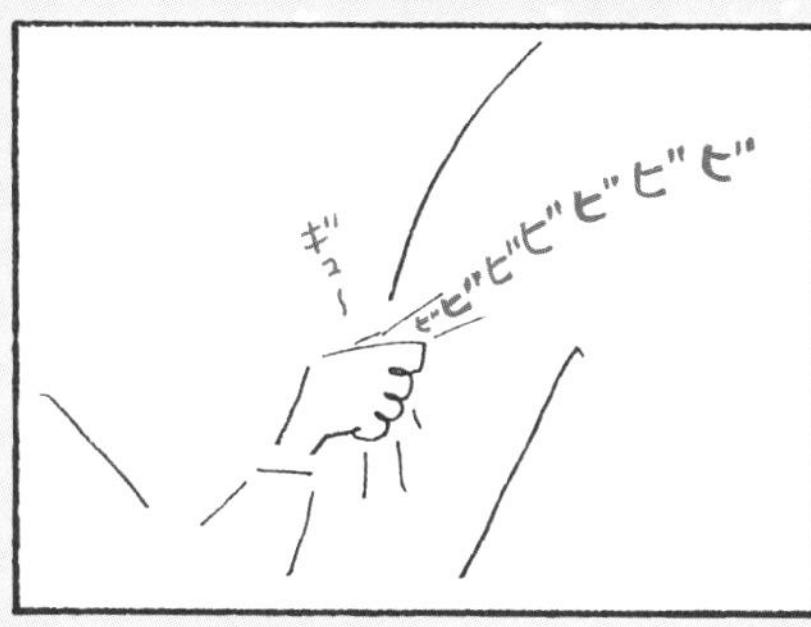

この気持ち、何て言う？

どこか何か違うのよ
胸がキュンとしちゃったの
塾で隣の席に座る
私のハートは土俵際

――渡り廊下走り隊／作詞・秋元康「猫だましし」

秋元康（1958〜）
作詞家。音楽プロデューサー。放送作家。小泉今日子「なんてったってアイドル」、AKB48「ヘビーローテーション」、乃木坂46「ぐるぐるカーテン」など、数多くのアイドルソングを生み出してきた。

金原ひとみ（以下、金原）――「塾で隣の席に座る私のハートは土俵際」。この文章がなんかやっぱりすごいなって思うんですよ。「塾」「ハート」「土俵際」という組み合わせ方が、売れるものを作る人の発想力だなという感じがします。

小沢――表現として、やっぱり面白い？

金原――チョイスが個性的だなと思います。

胸の中では心臓が、まるで木の橋を走り抜ける狂った馬のひづめみたいに大きな音を立てていた。

── 村上春樹『スプートニクの恋人』
～主人公の女性の手に、好意を寄せている女性の手が触れてきた時の表現

小沢── 小説家の文と思うよね。気になる言葉ありますか？

木村カエラ（以下、木村）── ひづめ。「ひづめみたいに大きな音を立てていた」はすごく想像がつきやすくて。パカッパカッと走っていく、それは誰かを思って走っていく人の感覚に近いな。

板垣李光人（以下、板垣）── 僕は「狂った馬」というところ。ドラマで馬のお世話をする役を演じたことがあり、ずっと近くで接していたのですが、ひと蹴りされたら死ぬんですよ。その馬が狂ったように、「木の橋」というもろい物の上を音を立てて走っているという。

何かを壊してしまうくらいの大きなものがあって、何かが壊れていくのかなと思いました。

金原── 私も「木の橋」という表現が気になるというか、村上春樹さん独特の言葉選びだなと思っていて。木の橋を狂った馬が駆け抜けていく様子を想像すると、なんか壊れそうでハラハラさせられますよね。

自分の身体が耐えられないみたいなことも、ここに表現されているのかなとか、想像力が膨らみます。

村上春樹（1949～）
小説家。翻訳家。
『ノルウェイの森』『海辺のカフカ』など。

ぼんやりしてた昼下がり、突として開いた鳩時計。

――木村カエラ　書き下ろし

木村カエラ
→P9

小沢　カエラさん、どういう思いで書いたんですか。

木村　子供の頃を思い出す感覚に近いな、でもなんだろうと思っていて。ボーっとしている時に、鳩時計とかからくり時計が急にパカッと開いて音が鳴り始めた瞬間に「ハッ！　出たハト！」みたいなことと、心臓の部分に鳩時計の開く扉があって、ポーンと出る感じに近いなって。

板垣　「鳩時計」。すごく面白いと思いました。突如、あの音とヤツが出てくる感じが。

金原　大好き。

木村　よかった。みんなに褒めてもらえて。

金原　カエラさんの体言止めがすごい好きで。歌詞でもよく体言止めで書かれているじゃないですか。「不機嫌なピエロ」とか、「脱げないストリッパー」とか。『Jasper』がすごい好きで。ここまで体言止めを使いこなしてる表現者はなかなかいないと思います。

木村　初めて言われました。めちゃくちゃうれしい。

小沢　「鳩時計」っていうのは、例えば12時とかその時間が来ましたよって知らせてくれるものじゃない。だから、あなたは恋に落ちなくちゃ、っていう、なんか決まった人が来ましたよというお知らせみたいなメッセージで、めちゃくちゃいいじゃない。

金原　そうですね。運命的なものも感じさせる。かっこいい。

お題

初恋の甘酸っぱさって何だっけ？

初恋ってずいぶん前から
甘酸っぱいって
言われているけど、
甘酸っぱいって
何だろう。

この気持ち、何て言う？

一度も病気をしたことのない若者は、これが病気というものではないかと怖れた

——三島由紀夫『潮騒』

三島由紀夫（1925-1970）
小説家。戦後の日本の文学界を代表する作家のひとりで、海外でも人気が高い。『仮面の告白』『金閣寺』『豊饒の海』など。

小沢——文豪、三島由紀夫が書いた『潮騒』より初恋を表す表現をご紹介します。

美村里江（以下、美村）——不整脈だし、食欲不振だし。寝られないし、病気かと思いますよね。

小沢——急に心臓バクバクするし。これは何なんだと。

わなわなと震えて
顔の色も変わりそうで、
後ろ向きになってなおも
鼻緒に心を集中していると
見せながら、
なかば無我夢中で、
この下駄はいっこうに
履けるようにならなかった。

―樋口一葉「たけくらべ」現代語訳
～下駄の鼻緒が切れて焦っている様子を好きな少女に見られた時の気持ち

小沢―有名な吉原遊郭の街を舞台にした少年と少女の淡い恋愛模様を描いた作品です。

ヒャダ―「鼻緒に心を集中していると見せながら」。理性と本能の闘いが詰まっていて、かわいらしい文章ですね。

綿矢りさ（以下、綿矢）―「わなわなと震えて顔の色も変わりそうで」と言っているので、初恋でポッと頬を染めているようなレベルではなく、震えていて顔色も変わるぐらいになっているから、本人的には好きでどきどきで楽しいというより苦しいんじゃないかな。―心がどこかに飛んでいっている感じがしました。

樋口一葉（1872-1896）
作家。歌人。明治時代に活躍し、女性の生き様や心情をつぶさに描いた小説を残している。『にごりえ』『うらむらさき』など。

七転八倒　どばっと　恋心
いきなり　世界が　シャングリラ
ままままじか!?　こりゃたまらんぞ
胸が　ジュクジュクしてるのだ

―ヒャダイン「ヒャダインのカカカタ☆カタオモイ―C」

崎山蒼志（以下、崎山）

ヒャダイン
→P8

小沢　ヒャダさん、アーティストデビューした曲、初恋がテーマじゃないですか。

ヒャダ　初恋で浮かれている感じをぎゅっと詰め込んだデュエットソングにしました。

崎山　だいたい三島（P21）と言っていることは一緒です。「どばっと恋心」とか「世界がシャングリラ」とか自分には全然できない表現だなと。かっこいいと思います。

小沢　確かに、崎山くんのスタイルでこういう歌詞だったら、俺びっくりしちゃう。

綿矢　「胸がジュクジュクしてるのだ」というのが気になって。ドキドキとかトゥクトゥクではなくて、ほぼ、膿んだ傷口みたいな表現になっているから、相当、初恋にしては重症。めっちゃ好きなんやな、と思いました。

ヒャダ　受容体のハートがもうジュクジュクで何を食らってもダメージが大、という感じを表現したくて、ドキドキは通り越して、ジュクジュク。何だこれ、っていう。ドキドキは今までジェットコースターに乗ったとか、先生に怒られたとかいろんな経験があると思うんですけど、ジュクジュクはなかなかないんじゃないかな。

お題

昔よく聴いた音楽を久しぶりに聞いた時

何気なく見ていた
サブスクの音楽アプリ。
その中に、昔、自分でもあきれるほど
聴き込んだ一曲を見つけた。

BUMP OF CHICKEN
「天体観測」

あの頃
いつもこの音楽がそばにいた。

この気持ち、何て言う?

これいいよって押し込ま
れたイヤホンのくすぐ
ったさと並んで食べた
激辛ラーメンの辛さと
どうしてって爪を食い
込ませた感触ともう会
わないって決めて振った
手が切った生ぬるい風
全部が真空パックになっ
てたみたいに溢れ出す。

——金原ひとみ　書き下ろし

金原ひとみ
→P8

橋本 愛（以下、橋本）――映画みたいに映像がバババッと出てきてつながって、最後の「真空パックになってたみたいに溢れ出す」。誰もが知り得る感覚に落とし込めるのがすごいと思いました。

小沢――味とかニオイも、真空パックで保存されているから劣化していない。金原さんの小説も、肌に触れてくる表現のしかたをされるなといつも感じる。

金原――身体感覚を書きがちですね。

小沢――気になるのは読点がない。

金原――すべて流して、溢れ出している感が出るように。聴いている時にワーッとよみがえって、だーっと濁流に飲まれる感覚を表現したいと思って。

水野良樹（以下、水野）――音楽というキーワードから来て、その音楽がどうだったのかは一切書いていないのがすごい。あのドラムがよかった、あのハウっているギターがよかったと言ってしまいそうだけど。聴いていた自分が経験していたことが漏れ出てくる。そしてその方がわかる。

小沢――言いすぎないからみんなが自分のことにできる。

昔よく聴いた音楽を久しぶりに聞いた時

ほんとうに世界と殴り合っている感触が、
あのとき、あったんだ。
目を閉じてイヤホンを耳に突っ込んで、
最大音量の無言で叫んでたよ。
言葉にする利口さなんてまだなかった。
もう誰も殴れないよ。叫びもしない。
殴りたい世界があるときって、
幸せだったんだな。

―水野良樹　書き下ろし

水野良樹
→P8

橋本

大人になった今、大人だって思いたかった子供の頃をすごく思い出すというか。心の底から自分のことを大人だと思っていたのに、年月が経つとやっぱり子供だったなと思ってしまう、はかなさというか刹那的な痛みをぶわっとこの文章で思い出しました。

小沢

「最大音量の無言で叫んでたよ」。子供の頃は、言葉を知らない。中学2年の時、ブルーハーツを初めて聴いて、家で「わあぁぁー!」って言ったもん。何と言っていいのかわからなくて。その感じが表現されていて伝わる。

水野

BONNIE PINKの「Heaven's Kitchen」が中学2年ぐらいに出てきた瞬間、すごい衝撃を受けて。その時の感動、心の震え具合が曲を作るときの基準になっていて。曲作りで迷うと自分のスタジオで爆音で流して、こんな感じだったなと基準値になっている。

小沢

歌や歌詞は、聴いていた頃に戻してくれる。あの頃の曲はタイムマシーン。

2章

イライラ

いら‐いら【▽苛▽苛】

［副］（スル）

1 思いどおりにならなかったり不快なことがあったりして、神経が高ぶるさま。いらだたしいさま。「連絡がとれず、—する」

2 陽光などが強く照りつけるさま。じりじり。

3 とげなどが皮膚に刺さる感じを表す。ちくちく。「のどが—する」

［名］神経が高ぶって、落ち着きを失っている状態。「—がつのる」

お題

反抗期の時の気持ち

お母さんもお父さんもなんかうざかった
何の意味もなくむしゃくしゃした
口もききたくなかった
すべてに嫌気がさした反抗期、

あの頃の気持ち、何て言う？

橋本　反抗期ありました。ベッドを壊していた。

小沢　10代の時、わーっとなっているのはベッドの上。何回もある。

水野　僕は殻に閉じこもる方だったので、クラスの誰とも話さないで一年間過ごしたりとか……。人とコミュニケーション不全になった時があったりしました。

金原　親に対して、先生に対しても、反発心はずっと持っていました。

小沢　あの有名アーティストなら反抗期はどう表現するのでしょうか。

盗んだバイクで走り出す
行き先も解らぬまま　暗い夜の帳りの中へ
誰にも縛られたくないと
逃げ込んだ　この夜に
自由になれた気がした　15の夜

――尾崎 豊「15の夜」

尾崎 豊（1965-1992）
シンガーソングライター。「15の夜」は1983年リリース。ほか「十七歳の地図」「I LOVE YOU」「OH MY LITTLE GIRL」など。

水野

バイクを「盗んだ」ことも、「暗い夜の帳りの中」に入ったこともないけれど、最後に「15の夜」と言ってくれたことによって、僕も「15の夜」は経験しているから急に自分の歌になる。

「15の夜」のところだけすごい開けていて、誰にでもある夜にしてくれているから、こういう経験をしていなくても、自分とこの曲をつなぐことができるのがいい。

金原

「15」はみんなちょっとずつ苦しい年頃。心と体が乖離していく時期。それが一番合体できるのがこのシーンなのかな。

父、家庭の魔王よ、
汝偽善の仮面を
世人の目の前にかなぐり捨てよ！
と私は叫びたいと思う。

──三島由紀夫『青の時代』

三島由紀夫
→P21

小沢──父への反抗期の気持ちを書いています。

橋本──「汝」が好きです。めったに言わないし、使わないし。一番なじみのある局面は結婚式のイメージ。こういう表現の時に使えるんだ。1回目は「父」で2回目は「汝」。

金原──呼びたくない、父への反抗心。

すべてが美しい。見ているだけでほれぼれしてしまう。かちっとしている形がいい。

水野──リズムじゃないですかね。どこも切れないですよね。

天井しか見ていなかった。
その日、この身に溜まった、
みっともなさを、
ぐじゅぐじゅとした
緑色の怒りを、
さんざんに塗りたくった白い天井。
ただ毎日、真っ黒になるまで、
感情をぶっかけて。
朝起きて目を開けたら、
あっけないほど真っ白な天井が、
そこに在るから、
また、悔しかった。

―水野良樹　書き下ろし

水野良樹
→P8

橋本　「緑色の怒り」。怒りは黒か赤と言いたくなるけど、緑なんだ、というのが面白くて、その前の「ぐじゅぐじゅ」が「緑色の怒り」をより詳しく書いてくれている気がして、それぞれの「緑色の怒り」を思い起こせる表現が素敵だなと思います。

小沢　緑色の表現は見たことない。

水野　最終的に黒になるイメージはあったのですが、黒になる過程が汚い物であってほしいなと。

怒りの矛先がはっきりしているものや、わかっているものではなかったから、鈍痛のようなジワジワときてぐじゅぐじゅと、どんどん目の前のものがくすんで汚くなっていく感じが「緑」かなと。反抗期のくすんでいった先の緑。緑が濃くなって黒く落ちていくイメージを想像していました。

小沢　この年になって気づくこととして今思うと、反抗期はあっけなかった。そんな大したことじゃないと今なら言える。反抗期だった自分に当てはまる。言葉がはまっています。

金原　空っぽな感じもするし、ものすごい切実さもこもっていて、やっぱりリセットされてしまう無力さもあるし、寝転がっている怠惰さまでちょっと見えてくる。ストーリーまで考えたくなるような文章。

お題

好意を寄せている人が誰かと仲良く話していた時の気持ち

私には好きな人がいる。
でも、彼が楽しそうに他の子と話しているのを見ると、
何だか落ち着かない。
別にふたりは付き合っているわけじゃないんだろうけど。

この気持ち、なんて言う？

板垣　どうしようもないのを「どうしようもない」と言っちゃうどうしようもなさが、いいなと思いました。

小沢　ストレートな歌だよね。さあ、金原さん。

金原　カエラさん、歌詞で韻を踏まれることが多いですよね。「いいたい」「期待したい」と韻を踏んでぐっと来たところで、「止めらんないのどうしようもないでしょ」と突き放す空気感になっていく感じがさすがだなと。強弱のつけ方が独特で面白いですね。

木村　一度好きになった人を、あ！　やっぱり好きになるのやめようって、瞬間的に思ってやめることはできないような気がして。その止まらない感じを、韻を踏むことによって表現したかったんです。

金原　いいですね。韻を踏む感じと心が連動していく感じのイメージをいただけたので、また聴き直そうと思います。

いいたい　具体化したい
まだ　ココロで　期待したい
止めらんないの
どうしようもないでしょ

── 木村カエラ「うたうらら」

木村カエラ
→P9

どんな性質の人かは知らない。
それを強いて知りたくもない。
ただあの二人を並べて見たとき、
なんだか夫婦のようだ
と思ったのが、
慊かに己の感情を害した。

――森 鷗外『青年』
～主人公が憧れる夫人が画家と仲良く話している様子を見た時の気持ち

森 鷗外（1862-1922）
軍医であり明治・大正文学を代表する小説家。人を善悪でとらえずに、読み手に問いかける作品を多く残す。『舞姫』『雁』『山椒大夫』など。

板垣　「知りたくない」じゃなくて「知りたくもない」というのが、本当にどうしようもない気持ちなんだろうなというのを感じるし、別にそこまで実際は仲良くないかもしれないんだけど、もう夫婦のように見えてしまうぐらいこっちがひっ迫しているというか。

金原　「夫婦のようだと思った」というところは、もう自分が負けているみたいなニュアンスも出ているし、そこに何か手出しをしようとも思っていないかのような静かな絶望感が流れていて。「慊かに己の感情を害した」と硬めの文章で締めていて、緩急のつけ方が面白いなと思います。

小沢　最後、この文章の締め方だと「取り乱していませんよ」っていう。

金原　そうそう、取り繕っている感じするんですよ。あ、別に大丈夫ですよ。害した、みたいなそういうニュアンスも感じますね。

小沢　平気だから！　と無理している感じだよね。

木村　「わたくしは一面の空に星のような砲弾を降らせていた」。美しいものと憎しみや悲しみを連想される「砲弾」が、一つの空、心の中ということだと思うんですけど、共存している感じが素敵です。こんな表現、私にはできないなと思いました。

小沢　不思議な文ですもんね。説明不足というか。

金原　そうですね。だからこそ読み解き甲斐がある。自分で好きに受け取れる行間がありますよね。

板垣　「帰れない家」というのも個人的には刺さりましたね。家って温かいものだったり、優しさとして出てくることが多い気がするんですけど、そこに「帰れない家」というのが、虚しさだったりを表現するんだって。

気がつけば　わたくしは
一面の空に
星のような砲弾を降らせていた。
夜の中を去りながら
ほんの半日前　あなたの瞳が
ほんとうはわたくしに対しても
　分け隔てなく美しかったことを
帰れない家のように
思い出していた。

——島本理生　書き下ろし

島本理生（1983~）
小説家。『ファーストラヴ』で2018年直木賞受賞。『リトル・バイ・リトル』『ナラタージュ』など。

金原　そうなんですよね！　ここの……。あ、すいません。ポイントって……。

小沢　いい、いい！　みんなでしゃべる番組。

金原　「帰れない家」って、やっぱりホッとする場所だったということでもあると思うんですね、その人の存在というのが。思い出したりしながら癒されたりとか、またあの顔を見せてくれることを待ち望んでいたりとか。そういったものが、もう帰れなくなってしまったという。

小沢　もう戻れない、あの頃に。俺、一番心に刺さったのは、「帰れない家のように」って李光人君が指さした時に、小指でさしたこと。俺、びっくりしたもんね。

板垣　さしてました（笑）？

お題

怒りが沸点に達した時の気持ち

この気持ち、何て言う？

普通、人は急激に頭に血がのぼったとき
〝キレた〟や〝ぶちギレた〟などの言葉を使う。
でも私はつながった。
いままで故意につなげずにおいた線が、
遂につながって電流が行き渡り、充電完了。

―― 綿矢りさ『かわいそうだね？』

綿矢りさ
→P9

小沢 主人公の怒りが頂点に達した時の表現がこちら。

ヒャダ 人間も動物として本能的に怒るのはあると思うんですけど、小さい頃のしつけや自身の社会性とかで、この線とこの線をつなげてはいけませんよ、としつけられたものを通り越すぐらいの怒りがきて、それをつなげていって、ビューンって体中に電気が走っていくというのはすごくわかりますね。今までのものを吹っ飛ばす強いインプットがきたって感じがします。

山崎 「充電完了」というところがすごい。エネルギーが体に満ちて、自分の気力がマックスになったみたいな感覚にもとれる。

小沢 綿矢さん、この表現はどのようにして生まれたんですか。

綿矢 主人公がすごく腹が立っていたけど、それまで行動に移せなくていじいじしてて自分の反省に換えていたけど、今怒らなあかんと思った時に、切れているだけだったら何もできないから、つなげて自分の中で「充電完了」して、思い切り相手にぶつけるぞという気持ちを込めて書きました。

小沢 本人もそういうところある？

綿矢 私は切れたまままつながらないタイプで、うーってなったまま外に発散できないから、こういう風につながって充電して怒りを表に出せる人はいいなと思います。

怒りが沸点に達した時の気持ち

八月の末、文藝春秋を本屋の店頭で読んだところが、あなたの文章があった。「作者目下の生活に厭な雲ありて、云々。」事実、私は憤怒に燃えた。幾夜も寝苦しい思いをした。小鳥を飼い、舞踏を見るのがそんなに立派な生活なのか。刺す。そうも思った。大悪党だと思った。

—太宰 治「川端康成へ」

太宰 治（1909-1948）
小説家。『走れメロス』『斜陽』『人間失格』など、人間の内面を鋭くえぐり出す作品を多く執筆。

小沢　かつて芥川賞に落選した時、選考委員の川端康成にあてて雑誌に発表した怒りがこちら。

崎山　「刺す。そうも思った。大悪党だと思った」全然冷静ではない感じが、最高ですね。衝動に駆られるものが大好きなので、ハードコアを感じます。

綿矢　「小鳥を飼い、舞踏を見るのがそんなに立派な生活なのか」。ふざけて書いていないとしたら面白いな、完全に馬鹿にしているなと思ってて、煽るのがうまい文章だなと。太宰ってもっと名文も書くし、偉大な作家なのですが、これは本当に怒りに任せて衝動で書かれたんじゃないかなと思って。感情が乗った名文だといつも思います。

ヒャダ　プロだなと思うのが、どういう風に言葉を使えば一番効果的なのかが考えられていて、それが「刺す」2文字。その前は一文が長い。いきなりそこで「刺す」の二文字で終わらせる、一回丸を入れる。一気にサイコパス感がでるというか。このままでは、サイコパス感が出すぎだなと思うから、「そうも思った」でちょっとまろやかにしているところが、太宰、テクいなぁ〜。

小沢　速い球と遅い球のね。

美村　私は最後の「大悪党だと思った」でちょっと笑ってしまって。全体的に相手のことを考えすぎてラブレターみたいで。ねちねち相手について考えすぎて、私生活も知っていることも書いてしまうくらいで、何日も川端のことを考えてこの文章を書いたんだなと。「刺す」の後、怖いのに「大悪党」はちょっと面白い。その部分で、ただ私的な恨みの文ではなくて、読み物になっている、そのバランス！

3章

ざわざわ

ざわ‐ざわ
［副］（スル）
1 大ぜい集まった人々の話し声などが醸し出す、騒がしい音を表す語。また、そういう人々の、騒がしく落ち着かないさま。「―(と)した会場」
2 木の葉などが触れ合う音を表す語。「木々が―(と)音をたてる」

お題

親友から結婚報告を受けた時

いつかは
その時がくるとわかっていた。
いつも一緒にいた親友が結婚する。
ずっと一緒だと思ってた。
幸せになってね、心から願っている。
だけど何だろう、この気持ち。
こみ上げた涙の理由を
うまく言葉にできない。

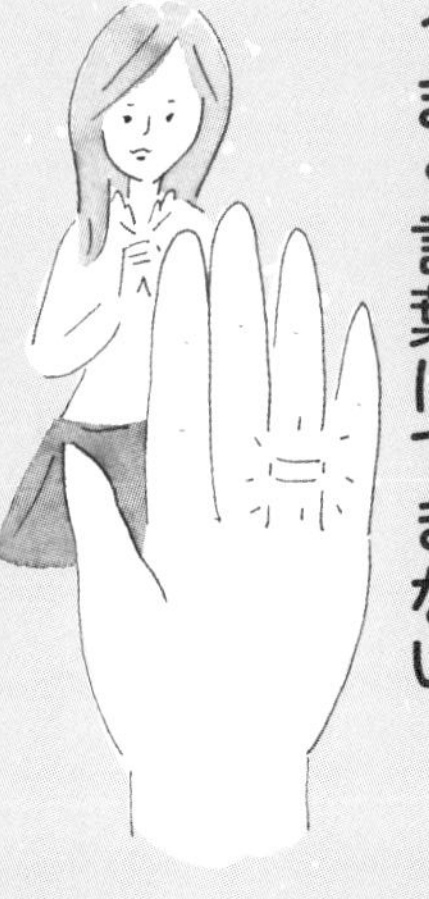

この気持ち、何て言う?

伊藤　姉の結婚式で、本当におめでとうと思っているけど置いていかれるような、私とは離れた環境やステージに行ってしまうような寂しさでした。人生で一番わけがわからなくなった瞬間かも。言葉で説明できない感情だから「おめでとう」に込めるしかなくて、誰よりも笑ってました。結局、抑えきれなくて、姉が見ていないところではめっちゃ泣きましたけど。

小沢　今ならあの気持ち、説明できる?

伊藤　ずっとつないでいられると思っていた手がふっと離れたかもしれないけど、別に離れたからって終わりではない。つなぎ直せばいいものを、あの時は一生の別れだと勘違いしてしまって。自分の感情にピントが合っていない状態でした。

ヒャダ　性愛を抜きに、恋愛、友愛、家族愛は基本一緒だと思う。こういう状況の時、僕は失恋した、フラれたと思いましたね。

小沢　相手にはフったつもりがない。

ヒャダ　勝手にフラれていることがまた泣けてくる。自分だけが悲しい。

つないでいた手が
いつのまにか離れて、
別々の道を歩いていることに
気づかなかった。

今はただぽつんと淋しい。

あの頼もしい手が
別の手につながれてしまったことが切ない。

でも、顔をあげて自分の道のこれからを
楽しみに思おう。

いくら悲しんでもいい、
私は私のことを
長い目で見てあげよう。

―― 吉本ばなな　書き下ろし

吉本ばなな（1964～）
小説家。1987年『キッチン』で第6回海燕新人文学賞を受賞しデビュー。著作は30か国以上で翻訳出版され国内外での受賞も多数。近著に『吹上奇譚　第四話　ミモザ』など。

小沢
（伊藤に対して）2代目、吉本ばなな。手をつなぐ表現！

伊藤
姉が手を引いてくれた思い出があるから、脳内映像で「つないでいた手」が浮かびました。切ない感情から明るい感情にポジティブに向かっていくところが、私には到底できませんでした。背中を押される文章です。

吉澤
「あの頼もしい手が」で、どれだけ自分を支えてくれる存在か、相手との関係性まで見えてくるし、物語が浮かんでくる。パッと見た時に、美しい、優しいと思えるから、吉本ばななさんの小説、大好きです。今回も平仮名の「つないでいた」「つながれてしまった」に優しさとか温かさの意味が広がってじんわりします。

ヒャダ
世間的には祝わなくてはいけないのに祝えない、自分は何と呪われた卑しい存在だと責めがちになるところを、「いくら悲しんでもいい～長い目で見てあげよう」は、悲しんでる側に立った優しさですよね。自分をかわいがろうとしているのが素敵だなと。

お題

ふるさとの街並みが変わってしまった時の気持ち

この気持ち、何て言う？

私と同じく
見違えるほど
成長した景色が、
なんとなく大人びて
はにかんでいる
ような気がするのを
おかしく思った

――安部公房「牧草」

安部公房（1924-1993）
戦後の日本文学を代表する作家。人間の内面に迫る作品で海外でも評価が高い。フランス最優秀外国文学賞受賞、アメリカ芸術科学アカデミー名誉会員。『壁』『砂の女』など。

広末涼子（以下、広末）　子供の頃、高知には高速道路がなかったんです。開通した時には、高知も成長したなと思いました。四万十川はすごくきれいなのですが、逆に高速が通っていなかったからきれいだったのかなと。矛盾してますが、便利になったことで景色が変わらなければいいなと思います。

小沢　成長って矛盾を抱えてるかもしれないですね。

吉澤　景色の擬人化が珍しいですよね。景色はそもそも集合体なので、絵本にしたときに顔が描きにくいというか。何がはにかんでいるのか、ぼんやりしていて規模が大きいという印象です。

小沢　景色の中の「成長したビルが」とかじゃなくて、目に映るすべてを言っている。

ふるさとの街並みが変わってしまった時の気持ち

置いていかれた。
ぼくというパーツが消えた街は、
ぼくなしでも進み続けていたのだ。
分かっていたことなのに、
立ち尽くしてしまう。
ぼくの嵌(はま)っていた場所には
もう辿り着けない。
空に差し出した手を、
ゆっくりとおろした。

——町田そのこ　書き下ろし

町田そのこ（1980～）
小説家。『夜空に泳ぐチョコレートグラミー』『ぎょらん』『宙（そら）ごはん』など。『52ヘルツのクジラたち』で2021年本屋大賞受賞。

広末　「空に差し出した手を、ゆっくりとおろした」で鳥肌が立ちました。感情だけではなくて人の行動をイメージすると、余計に感情に刺さるものになるんだなと。何かを求めていたということですよね。

朝井リョウ（以下、朝井）　そうですね。自分がいなければ家族や町が回らないと思っていた人が久しぶりに帰郷して、自分不在ですべてが問題なく回っているところを目の当たりにしたら……。最後の一文は、自分から街が手離れていくことを動作として表現した可能性もあると思います。つまり、心象風景を実際の動作のように書いた可能性もあるのかなと感じました。「ぼくというパーツが消えた街は、ぼくなしでも進み続けていたのだ」は、この主人公が時間の流れの中で、この前までは街に対して自分が重要な存在であるという自負があったことがうかがえます。短い文章で年齢やどんな時間を過ごしてきたかまで見えるところが、町田さんの文章だなと感じました。あと、書き出しは漫才でいう、つかみ。「ぼくは置いていかれた」だと、ヌメッとしちゃうかもしれない。主語もない「置いていかれた」で始まるのがいいですよね。

吉澤　最初読んだときは寂しい気持ちになりましたが、もう一度読んだら不思議な爽やかさが広がりました。「ぼくなしでも」は反転したら、ぼくも街なしで進み続けてきたんだ、と前向きに受け取ることができました。

お題

同期にいい仕事をされた時の気持ち

僕達は会社の同期。
ある日、あいつが
上司に褒められた。
創業以来の
快挙を成し遂げたらしい。
いつの間に。
すごいな、でも……。

この気持ち、何て言う？

崎山

同世代ぐらいには音楽に真摯な方が多いので、素晴らしい音楽を生み出されると、めちゃくちゃいい！　という気持ちと、もっと自分も頑張らなくてはいけない、真摯に音楽を楽しまなくてはいけないと感じます。

綿矢

「私がこんな風に書ければ良かったのに」と思ったりしますけど、ただもう職業自体が孤独すぎて、まわりをライバルとか敵とか思ってしまうと寂しくてしょうがないので。ライバルという気持ちがあっても寄り合いたいというか。話していてあんな楽しい人はいないなというのが、同世代の同じ職業の人ですね。

小沢

嫉妬はないけど、いい同期がいると何がいいかといえば、そいつと友達でいられる自分でいなくちゃいけないと思えること。同期がすごいから頑張ろうと思える。

ヒャダ

恥じない自分でいなくてはいけないから、サボれないですよね。

同期にいい仕事をされた時の気持ち

これまで感じたことのない、怒りや屈辱や嫉妬など、あまりにもマイナスすぎて自分でも把握しきれない、激しい衝動に支配されていたのだ。

――恩田 陸『チョコレートコスモス』
～ライバルだけが特別なオーディションに呼ばれていたことを知った時の気持ち

崎山 「怒り」は自分に対しての怒りだと思うんですけど、嫉妬心についている怒りが不思議だなと思いました。

綿矢 「怒り」や「嫉妬」はわかるけど、負けたくらいで「屈辱」というのは、本当に悔しかったんだと思います。靴に画鋲とか入れてもおかしくないぐらいイラついているけれど、「激しい衝動に支配されていたのだ」と客観視できているから、画鋲は入れないのかな。自分を抑えられたみたいな。

恩田陸（1964～）
小説家。『夜のピクニック』『ユージニア』など。『蜜蜂と遠雷』で直木賞と2017年本屋大賞受賞。

美村　気になったのは「毒素」。冷静に自分を客観視していたのに、かけ離れたものが出てきて、どいてはくれない意固地な感じ。どれだけ深刻なものか伝わってきます。

ヒャダ　最初、きれいごとというか、理性で克とうとしていて、「意味するものだ」までほぼ濁点なくきれいに送られていますが、後半で本音が出た時に「毒素はどいて」と「ど」が続いて濁りを感じる。コントラストが効いているなと思いました。

小沢　歌を作る人の捉え方ですよね。濁点とか響きに俺は気づかなかった。

美村　しかも、ただの「毒」じゃなくて「毒素」だから、生成元は自分。自分から出ちゃった。原因は結局、自分。切り離して自分とは違うのに、どいてくれない。

嫉妬、そんな名のつく。
彼はそれに打ち克とうとした。
又友の成功は
自分達の成功を意味するものだ
とも思っても見た。
しかし毒素は
どいてはくれなかった。

——武者小路実篤『友情』
〜同期で友人の小説家の成功を目の当たりにした時の表現

武者小路実篤（1885-1976）
近代を代表する小説家のひとりで、一貫して人生の賛美や人間愛を語り続けた。1951年文化勲章受章。『幸福者』『人間万歳』『愛と死』『真理先生』など。

同期にいい仕事をされた時の気持ち

胸の内に光が広がった。
これまでの彼女の姿が思い出され、
光は暖かな熱を持つ。
しかし、その光の陰に立ち尽くす
自分がいる。
情けなさ、悔しさ、
もっとやれたはずだという怒り。
光の陰から、「おめでとう」と
手を打った。

――町田そのこ　書き下ろし

崎山

「その光の陰に立ち尽くす自分がいる」が好きです。素晴らしい音楽を聴くと最高だと思うけど、自分なんか全然駄目だなと思うこともいっぱいあって、ネガティブな感情になってしまう。それでも素晴らしい音楽は素晴らしいし、自分ももっと頑張ろうと思う。自分の心境にも合う文章です。

綿矢

本当に輝いている光の真ん中にいる人に対しての、自分の情けない気持ちが伝わってきます。自分から見える景色は全部光り輝いているって、辛い状況なのにそれでももっとやれたはずだと自分に対する怒りややるせなさをぶつけていく。前向きな姿、成長していく人なのかな、と思いました。

町田そのこ
→P44

他人の成功や失敗に振り回されたくない
自分じゃないんだから参考にもならない
他人の成功をただ喜んでいたい
自分じゃないんだから苦労や努力の大変さも知らずに
ひょっとしたら僕はもう
何かをあきらめてしまったのかもしれないね

── 小沢一敬　書き下ろし

小沢一敬
→P8

小沢　昭和の文豪、小沢一敬さんです。

美村　「他人の成功をただ喜んでいたい」は、みんなが本当はそうありたい。「自分じゃないんだから苦労や努力の大変さも知らずに」も、多くの場合はそうなのに、やいやい言っちゃうことも多いので。こんな風にありたいなと思いますね。素敵です。

ヒヤダ　全体的に長いとは思いましたけど(笑)。

Column 1

心が動いたあの瞬間の気持ちをゲストがその場で表現！

お題

体に良くないとわかっているのに食べてしまった時

今、僕は健康に気を使っている。脂肪も減ってきた。
だけど、食べたくなるよな。食べたい食べたい食べたい。ああ、食べたい！
……
うまい！　深夜のラーメンはうまい！　だけど、やっちまったなあ。
この気持ち、何て言う？

水野良樹

心がやせちゃうから
食べたほうがいい

「体で食べているが、満足感が欲しい。心がやせちゃうから食べたほうがいいと自分に言い聞かせて。要は言い訳がほしいんです」

小沢一敬

意志バリ弱
罪悪感マシマシ

「僕も夜中、ラーメンの魅力に勝てない。夜中、ラーメン食べる時いつもこう思っている」

金原ひとみ

この強烈な抑圧からの
カタルシスに一体
誰が文句を言えよう。

「くだらないことを大げさに言ってみた」

橋本　愛

意志に睡眠薬を飲ませた。
これでよし。スープの残った器を見て、
そいつが目を覚ます。お前は駄目人間
だとばとうする声から逃げるように
布団を被って、明日こそはと誓った
言葉が、嘘っぽく宙に舞っている。

2022年小沢賞受賞。怪物級。マジ、怖いよ。

By小沢

思わず見入っちゃう。最初がいいですね。「睡眠薬」を飲ませちゃう感じが、ちょっとかわいらしさもあるし。何よりもこの文章だけでシーンが思い浮かんできます。

By金原

4章

しみじみ

しみ－じみ【染み染み／×沁み×沁み】

［副］

1 心の底から深く感じるさま。「世代の違いを―(と)感じる」「親の有難さが―(と)わかる」

2 心を開いて対象と向き合うさま。「友と―(と)語り合う」

3 じっと見るさま。「―(と)自分の顔を眺める」

お題

親が自分を生んだ時と同じ年齢になったと気づいた時の気持ち

お母さんと話していると最近少し思うことがある。お母さん、今の私と同じ年齢で私を生んだんだよな……。

この気持ち、何て言う?

小沢　母親が生んでくれた年齢わかる?

広末　母と同じ年齢で私も母親になりました。私が中学生から高校生になる頃、夢が叶って東京に送り出してくれた時、母は寂しいとか泣いたりとか、まったくなかったんです。なのに私は長男を送り出す時、見えなくなるまで絶対泣かないぞ、と思っていたのに、見えなくなった瞬間に泣いてしまい……。そうしたら、雨がざーっと降ってきて。よかった、雨が降ってきて、こんなに外で泣いていたら変な人だと思われるし、週刊誌に撮られたら……。

小沢　お母さんもひょっとしたら、広末さんを送り出した時、見ているところでは平気をよそおっていたかも。

吉澤　母が私を生んでくれた年齢が、ちょうど私がデビューした年齢。こんなに子供なんだと、自分のことを思いました。

小沢　ある意味、お母さんが吉澤さんを生んでくれた年齢で、吉澤さんは歌を生んで、デビューしたんでしょ!

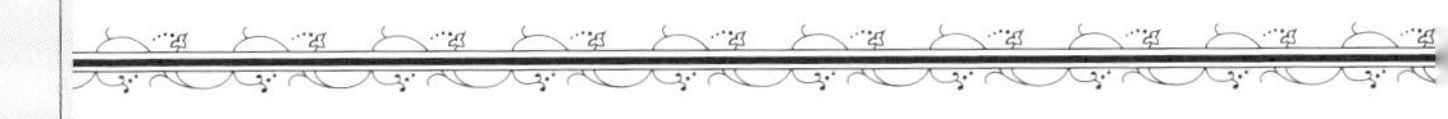

高校球児。サッカー日本代表。箱根駅伝のランナー。
オリンピックの金メダリスト。ごくせんのヤンクミ。サザエさん。
今では誰もが、今の私よりもずっと
子どもでいていい場所に立ったまま、
大人の目をしてこちらをじっと見つめている。
そして、すぐ目の前には、
追い抜きたくない最後の影がある。

── 朝井リョウ「逆算」

朝井リョウ
→P8

朝井　この小説の主人公は、親が自分を生んだ年齢が近づいているのに、自分には何の人生経験もない、と悩んでいます。「結婚」や「出産」は、人生年表の中のひとつの点のようですが、本当はとても長い線ですよね。大抵の場合、相手と出会い、本気で向き合う時間を経て、という前段がある。羅列したキャラクターが成し遂げていることも、ものすごく長い線があってのこと。そんな長い線が始まる予感さえ抱けない自分って、という不安を表したのがこの文章でした。

広末　ニクいですね。みんなが共感できる「高校球児」からの羅列があって、最後を「影」で落としちゃうところが。

小沢　朝井さんの主観が入っているんですか。

朝井　それもあったりそうでもなかったり……この系統の質問は本当に難しくて、短い言葉で答えられるようにしようと思い、最近「よもぎ餅理論」というものを編み出しました。よもぎだけを物質的に取り除くことは可能ですが、よもぎの風味や色は餅全体に行き渡っているので、よもぎ餅からよもぎの存在をすべて取り除くことはできないですよね。それと同じで、創作物から「これはあなたの主観ですか」「どこからどこまでが実体験なのですか」と言われても、はっきりと分けられないんです。結局長々と説明することになってしまいましたけど、吉澤さんはこのような時にどう切り返していますか。

吉澤　私は「100%自分とは関係はない」と言うと楽になれるので、突き放しちゃいます。

小沢　突き放すなら「焼きそばパン理論」。いや、食べ物で例えなくてもいい!?

親が自分を生んだ時と同じ年齢になったと気づいた時の気持ち

こんなに心細い腕で、
頼りない胸で、ちいさな私を抱きしめていたんだな
正解と不正解に戸惑いながら、
一日が無事に終わることを奇跡のように祈りながら、
お母さんはお母さんになった

―吉澤嘉代子　書き下ろし

広末　「お母さんはお母さんになった」だけで泣ける。直球で感動的。これこそ、言葉が見つからない。

朝井　前半でまず「こんなに心細い腕で、頼りない胸で」という肉体的な不安が描かれていて、とても没入しやすいですよね。自分の体でこの文章を体感することができるというか。そして後半には精神的な不安が描かれているので、心身どちらの側面でも不安定な気持ちを感じ取ることができます。心許なさがとても伝わってきました。

吉澤　これはノンフィクションで、私の母に宛てて書こうと思って。母が私を生んだのが24歳で、子供を授かった時、本当に不安でいっぱいだっただろうなと。「母は強し」という言葉があるじゃないですか。その言葉に違和感があって。お母さんが赤ちゃんを生むのではなくて、一人の女の子が死に物狂いで育てるのだと思って、その女の子がお母さんになったということを書いてみました。

吉澤嘉代子
→P8

お題

夏の終わりの気持ち

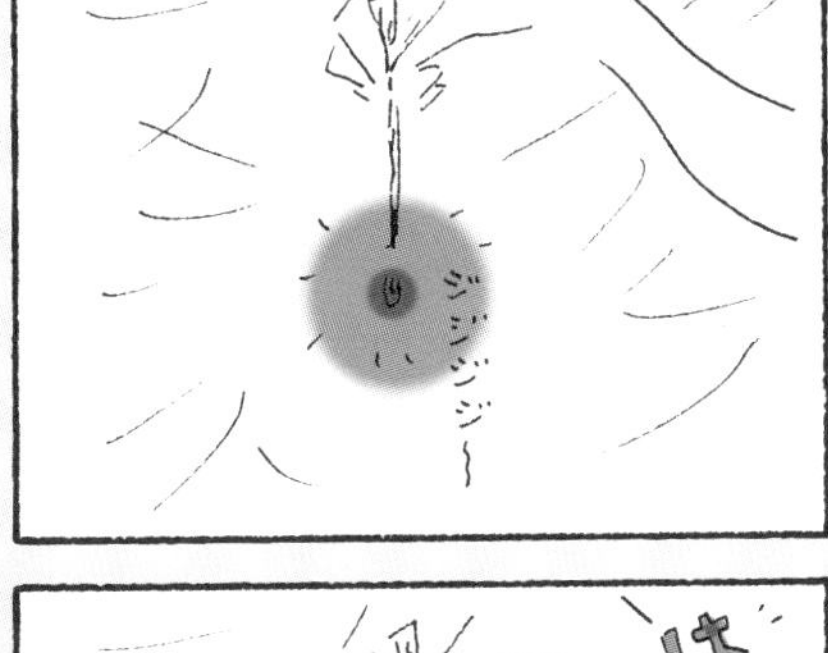

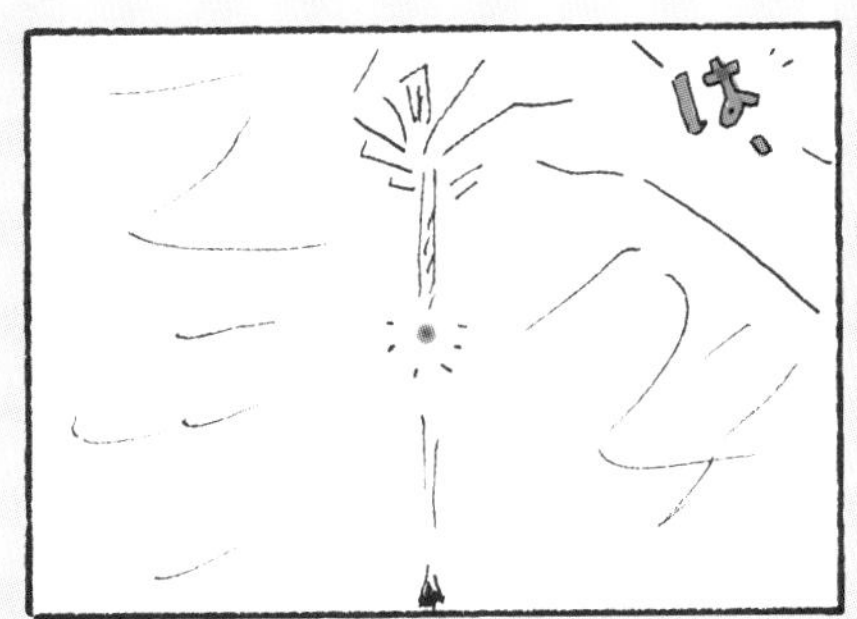

この気持ち、何て言う？

小沢　夏が過ぎ去った時の気持ちを表現した歌詞ですが、「風あざみ」「夏模様」「宵かがり」「夢花火」も辞書に載っていない造語。夏と模様という2つの言葉を足したことによって、1つのエモい心情を表す言葉を作った。

吉澤　「夏模様」は聞いたことはないけど浮かび上がってくる情景が見える。ノスタルジーなのに新しいバランスが面白い。

小沢　歌詞を書く時、オリジナルの言葉を作ることはある？

ヒャダ　勝手に言葉を作るのは好き。「フィジャディバグラビボブラジポテト！」。王子たちの秘密の合い言葉。少年時代の基地に集まる。

吉澤　私が作詞した「残ってる」より、「一夜にして街は季節を越えたらしい…」。夏の終わりの曲で、朝帰りをして当日はまだ夏の中だったが、翌朝は秋の風が来た。一夜にして、季節を越えてしまった、という内容の歌です。

小沢　彼との関係が夏を越えてしまった瞬間があるみたいな。

吉澤　自分だけ薄着の中、朝帰る。どう、〝エモい〟という言葉を使わずにそれを書くか。

夏が過ぎ　風あざみ
誰のあこがれにさまよう
青空に残された
私の心は夏模様

―井上陽水「少年時代」

井上陽水（1948～）
シンガーソングライター。「夢の中へ」「飾りじゃないのよ涙は」「夏の終りのハーモニー」など。

夏の終りから秋の初めに移る季節の
□い感情が、
しっとりと私のこころに
□くるのであった。

――室生犀星『性に眼覚める頃』

小沢　□に入る表現、なんて言う？

答え↓いみじ
重りかかって

室生犀星（1889-1962）
詩人、小説家。『愛の詩集』『抒情小曲集』などの抒情詩は大正期の詩壇を牽引。ほか『幼年時代』『蜜のあはれ』など。

「重りかかる」は犀星の造語。重くのしかかってくる。他の作品でも「重りかかる」が出てくる。「いみじい感情」はわかる？「いみじい」は古語の「いみじ」からきた言葉。「非常に悲しい。そして、非常にうれしい」など心が激しく動いた時に使われる。だから、現代で言うところの「エモい」にあたる「いみじ」が日本古来からあった。

吉澤　「エモい」を最初に聞いた時わからなかったんですけど、何となく感じが伝わるな、と思って。「いみじい」もそれに近いものがあるのが面白いです。「エモい」は100年後も生き残っていない言葉かもしれないけど、「いみじい」が今また流行ったら面白いな。

小沢　言葉は形を変えて、感情のバトンは続く。

ヒャダ　夏は始まりも終わりも真ん中も、すごく印象的な季節。

小沢　実は夏、好き。本音を言うと8月は嫌い、7月が好き。8月になった瞬間に終わりが近づいて寂しくなる。俺、いみじい。

お題

スター選手・推しが引退する時の気持ち

ついにこの日が来てしまった。
私の推しが引退する。
もうあの姿が見られないなんて。
明日から世界が変わってしまう。

この気持ち、何て言う？

やめてくれ、何度も、
何度も思った、
何に対してかはわからない。
やめてくれ、
あたしから背骨を、
奪わないでくれ。
推しがいなくなったら
あたしは本当に、
生きていけなくなる。

――宇佐見りん『推し、燃ゆ』

宇佐見りん（1999~）
作家。デビュー作『かか』で2020年三島由紀夫賞を最年少で受賞。『推し、燃ゆ』で2021年芥川賞受賞。

崎山　「背骨を、奪わないでくれ」が非常に気になりました。それだけ自分の体の一部分になるくらい、推しが与えてくれたものって大きい、という感じがそこに詰まってる気がして。

小沢　もう体の一部っていうか、背骨ってね。

綿矢　「やめてくれ、何度も、何度も思った、何に対してかはわからない」というのが、推しって遠くてつかめない存在だから、やめてほしいって何に対してかもわからへんねんやって思って。こんなに私は人を推したことがないなと思うぐらい切実な文章だと思いました。

ヒャダ　「あたしは本当に、生きていけなくなる」というのがいいですね。よくアイドルに課金して貢いでいる人がいるじゃないですか。ファンの人から言わせれば、それは推しに貢いでるのではなく、自分の人生に貢いでいるんだ、自分が健やかに人生を生きていくために、推しに存在してもらわないと困るから、自分の生命維持のために、お金を払っている、と。本当に生きていけなくなるという切実感は、もうリアルでいいですね。

美村　「やめてくれ、何度も、何度も思った」って、音にして読もうと思ったら、結構おかしな感じになるんですけど、それぐらい動揺して、バクバクして、もう調子が崩れてしまっているという感じで、すごくリアリティを感じます。お芝居でやったらどうなるかなって。息も絶え絶えというか、呼吸もできないみたいな感覚になるな、と。それだけ文章から切迫したものが伝わってきました。

色々思うことあるのに、
私、ずっと「ありがとう」しか叫んでなかった。
そういうことなんだろうな。ね。うん。
産まれてきてくれてありがとう。
私は感情を知ったよ。ありがとう。ありがとう。

――ヒャダイン　書き下ろし

美村　「私は感情を知ったよ」のところで、逆に教えられる側でもあるという……。え？推しって万能？　という感じがして面白いです。

小沢　推しが教えてくれたんだ。

ヒャダ　そうです。それまで平凡な毎日だったのが、SNS更新してくれたらうれしい、更新してくれなかったら寂しい、交際報道出たら悔しいという風に、いろんな感情が動くようになるんですよね。

綿矢　「産まれてきてくれてありがとう」が、こんなにも生きていることから肯定してくれてるんやっていう感じで。もう生きてるだけでファンサービスというのが、まさにこれなのかなと。こんな行動を伴わない、存在だけでここまで想ってくれる人がファンだったら、めっちゃ幸せやろうなって思いますね。

ヒャダ　アイドルの誕生日祝いするじゃないですか、あれって「産まれてきてくれてありがとう」ってことなんですよね。産まれておめでとうじゃなくて、「ありがとう」。ありがとうと感謝する日なんです。

ヒャダイン
→P8

小沢　どういう風に作ったんですか。

ヒャダ　いろんなファンの方々のTwitterを見たり、会場で実際に解散コンサートとか見たりしたら、みんなやっぱり「ありがとう」なんですよね。それによって私の人生は潤いましたと。で、感情を知ったし、人間らしく生きられたことをつぶやく方が多いので、こういう言葉を作りました。

崎山　「ね。うん」というところも好きだな、と思いました。

小沢　ヒャダさん、よくやるの、これ。表現の中に、しゃべり言葉をあえて入れるテクニック。

ヒャダ　バレた！

お題

昔からの友達と価値観が変わってしまったと感じた瞬間の気持ち

この気持ち、何て言う？

なんでこんな話合わないのに、集まってんだろうね私たち？会いたいって気持ちが、一緒だからだね。

――綿矢りさ　書き下ろし

美村　前半の2行で、何回か同じことがあって、なのに集まっているんだなというのが伝わりました。あとの「会いたいって気持ちが、一緒だからだね」という優しい締め方が、きっとこの先もこの友達とはこの感覚でいくんだろうなと、優しい気持ちになりました。

綿矢　本当に話が合わないけど、何とか連帯したい、結構最後の最後に出てくる言葉なのかも、と今聞いていていて思っていて。3年後には会ってないかもしれないな、でも会いたいな、みたいな。次あるかわからへんけど、みんな集いたい気持ちは一緒だったんだと再確認している、そんな気持ちで書きました。

小沢　実はもうひとつ、書いてくださってます(左)。

綿矢　大人になると利害関係で呼び出されることも多いので、そういう話が、飲んだ後とかに出てこないということは、少なくともお金とかが絡まずに会いたいんやなと。それを心の救いにするっていう。

崎山　「こういう視点があったか！」という感じです。これから呼び出されたら、勧誘されなきゃマシだと思っていきそうだなって。

小沢　「小説家・綿矢りさ」と「人間・綿矢りさ」を分けるとどっちがどっち？

綿矢　小説家ははじめの方で、2つ目が綿矢本人。すごい悪いシチュエーションを想像してしまって、その話の合わなさが、言っている立場になったらこの言葉が出てきました。

小沢　久々に会った友達にこういう感覚を持っているってことですか？　見てるよ、友達。

綿矢　まずいですね。

何言ってるか正直分からないけど、勧誘してこないだけマシと思おう

――綿矢りさ　書き下ろし

綿矢りさ
→P9

美村　気になるのは「魂」ですね。性格とか生き方は元に戻る可能性があると思いますが、男と女という相反するものが交ざったら、どうにもならない感覚が伝わってきました。

綿矢　かなりリアルなことを言っているな、と。妻の影が親友にうろちょろしているのかなとか、身ぎれいになったとか、帰りに買い物していくとか……わからないですけど、昔からの男友達に生活感を感じて、寂しいなというのをかっこよく言っている。

ヒヤダ　「妻の影がうろちょろ」って素敵な表現。友情も愛情のひとつだと思っていて、そこをもっとプライオリティの高い愛情にさらわれたという嫉妬もあると思うんですよね。

小沢　うちの相方（井戸田潤）が結婚した時、彼に呼ばれて上京したから、「何、勝手に結婚しているの？　俺、どうするの？　お前は俺をほったらかして勝手に家庭作らないで！」ってちょっと思ったのね。そしたら、やっぱり相方だね、離婚してくれました。

結婚した友はいかにつとめても、もはや昔どおりの友ではない。男の魂にはもうかならず女の魂が交じっている。

――ロマン・ローラン『ジャン・クリストフ』
～昔からの友達と価値観が変わってしまったと感じた時の気持ち

ロマン・ローラン
（1866-1944）
フランスの作家。ベートーヴェンをモデルにしているといわれる長編小説『ジャン・クリストフ』など。1915年ノーベル文学賞受賞。

心が動いたあの瞬間の気持ちをゲストがその場で表現！

お題 手をつなぐと決めた瞬間の気持ち

今日は3回目のデート。今日こそは手をつなぎたい。
今か？　いやまだだ。今か？　今なのか？　よし、今だ!!
この気持ち、何て言う？

木村カエラ

あなたはNで　私もN
あなたがSで　私もS
はやく　くっつきたいのにさ。

「ある一定の距離までは近づけるのにみたいな。磁石です」

引き出しが、やっぱりカエラさん独特だな。それでいて、子供でもわかる、そのヒュッてくっつかない感じが。

By金原

板垣李光人

奥歯を抜くときのこと

他人事みたいに書くところがクールでいいね。

By小沢

「僕、小学生の時に奥歯を抜いたんですけど、抜くまで怖いしどうなるんだかわかんないし、みたいな感じだったんですけど。行動を実行するまではすごい相手のことだったりとか、めちゃくちゃいろいろ考えを巡らせるんだけど、いざ行動に移してみると意外となんてことなかったみたいな」

金原ひとみ

刃物をつきつけられている
ようでもあり
つきつけているようでもある。
生と死がここで渦巻いている。

手をつなぐ前って嫌な緊張ですよね。それこそ手に汗かく。

By木村

「この瞬間に、終わっちゃうかもしれないじゃないですか。拒絶されたら二人の関係はもう元に戻れないかもしれない。それでいて、向こうがまだと思っていたり、望んでいなかった場合、向こうに対しての攻撃になってしまうかもしれないというところで、両方の気持ちを持ちつつ、この関係が生きるか死ぬかがここにかかっている」

小沢一敬

さわらぬ彼に
いくじなし！

「どちらかというと女性側の目線で考えたんですけど、今日こそ手を握ると決めたんだって言っている男子を見て、きっと女子は早く手を握ってくれたらいいじゃない、って思っていてほしいし。だから男性に向けてこういう気持ちにしました」

5章

どきどき

どきどき

［副］（スル）激しい運動、または不安・恐怖・驚きなどで心臓の動悸（どうき）が速くなるさま。名詞的にも用いる。「階段を上るだけで―する」「面接を控えて胸が―する」「胸の―が止まらない」

お題

一人暮らしを始めた時の気持ち

この春から一人暮らしが始まった。
これからこの町で暮らしていく。
こだわりのインテリア、
だらしなくても誰も見ていない。
好きな時に好きな物を食べる。
自由、最高!
だけど、寂しくならないわけじゃない。
始まりの季節に抱く、
この気持ち、何て言う?

まっさらなノートの上
ひと文字目を
書き出すようにして
期待感と不安感が混ざった
インクに浸した心で

— Official髭男dism「パラボラ」

Official髭男dism
4人組のピアノバンド。「Pretender」「Subtitle」など。「パラボラ」は藤原聡の作詞作曲で2020年リリース。

金原　「インク」というところがグッときますね。混ざっている様子が目に浮かぶようで、さすが売れる曲を作る人だなという感じがします。

橋本　「死にたいくらいに憧れた」のに「バカヤロー」なんだなと、その矛盾する感じがすごく素敵。

水野　「東京のバカヤロー」は一番強いですよね。愛憎が渦巻く「東京のバカヤロー」。本当は仲良くなりたかったのに、本当はここに慣れたかったのに、みたいな気持ち。「東京のバカヤロー」と言えることが羨ましい。僕は神奈川出身なので。何か覚悟をして上京してきたミュージシャンはみんな強いんですよ、気持ちが。だから、上京物語を書きたくて書いた歌もあります。自分は上京していないのに。

死にたいくらいに憧れた
東京のバカヤローが
知らん顔して黙ったまま突っ立ってる

— 長渕剛「とんぼ」

長渕剛（1956~）
シンガーソングライター。「巡恋歌」「乾杯」など。「とんぼ」は1988年にリリース。

三四郎はこの時電車よりも、
東京よりも、日本よりも、
遠くかつはるかな心持ちがした。
しかししばらくすると、
その心持ちのうちに
□のような寂しさが
いちめんに広がってきた。

――夏目漱石『三四郎』

夏目漱石（1867-1916）
作家。デビュー作は『吾輩は猫である』。人物の内面に深く迫り、苦悩や葛藤を描いた。『草枕』『それから』『行人』『こころ』『明暗』など。

小沢　小説『三四郎』では大学入学のため、九州から上京した青年の気持ちをこう表現しています。□に入る表現、何て言う？

橋本　雲っぽい。積雲とか薄い雲とか。もうひとつ形容詞が欲しいけどわからない。

小沢　答えは……「薄雲のような寂しさがいちめんに」！

金原　新・千円札、橋本愛!!
「薄雲」ってなんだよと思うけど、でも言われるとイメージが浮かんでくるのがすごい。ここを言葉にしちゃえ、作っちゃえ、と作っちゃった感じがこのクリエイティビティ。

水野　去年出した本で、セフレとのセックスを例えるシーンがあって「ホッケの一夜干しみたいなセックスをする男」と書いて。旨味はそんなにないし淡泊なんだけど、量はあって、居酒屋へ行ったら3回に1回ぐらい頼んじゃうよね、と。
性的なものは湿度で捉える。だけど、一夜干しと言われた瞬間に、完全に悪意が入ってくる。それも素晴らしい。歌詞の場合は、みんなが解釈できるようにするので、なかなか難しいですが。

小沢　各々の考え方が言葉に対してありますから。

推しに会えた瞬間の気持ち

今日は待ちに待ったライブ。
私の推しにやっと会える。
うわあ、いよいよ。
推しが、私の目の前にいる。

この気持ち、何て言う？

木村　めちゃくちゃわかりますね。「生きてて良かった」「生まれてきて良かった」でももうそれを超えているというか、それで「精子と卵子」のほうに行っちゃった。次元が違う感じというのはありますよね、すべてに感謝みたいな。

小沢　文章のスピードが、興奮していくスピード。加速していく感じ。好きが加速するというか。
この表現はどのようにして生まれたんですか？

金原　ものすごいオタクな女の子の話で、きっとみんな一度はこういう経験があるんじゃないかなと考えながら書いたんですけど。好きなものについて語る時のみんなのリズム感って、ちょっとおかしくなるじゃないですか。

小沢　語彙力を失ったりね。

もうね、行って良かったじゃないですよ。生きてて良かったですよ。生まれてきて良かったですよ。私を形作った精子と卵子にひれ伏したいですよ。

—金原ひとみ『ミーツ・ザ・ワールド』
～主人公の女性が推しの声優のライブに初めて行った時の気持ち

金原ひとみ
→P8

金原　そうそう。あと、前のめりになって行く感じ。

板垣　僕は金原さんと逆で、推しを「形作った精子と卵子にひれ伏したい」タイプです。お父様、お母様、生んでくださって、健やかに育ててくださって、ありがとうございます、と。

小沢　じゃあ、推しのご両親、さらにご先祖様達にまで感謝。

板垣　万物に感謝という感じに。

小沢　推しの家系図欲しいね。

実力以上に自分を見せようとするので、
結局は手足を一糎（センチ）動かすにもおどつき、
ひとこと喋べるにも
びくついてしまうのである。

——井上ひさし『吉里吉里人』

井上ひさし（1934-2010）
小説家。劇作家。放送作家。1964年から5年続いたNHKの人気番組「ひょっこりひょうたん島」を共作で手がけた。小説、戯曲、エッセイ、評論など200冊近い本を残す。

小沢　売れない小説家が憧れの女性を目の前にしたときの表現です。

板垣　推しではないけど憧れの人を前にして、「実力以上に自分を見せようと」「結局～びくついてしまう」というのはわかる気がします。

小沢　共感なんだね。

板垣　でも、推しとなると、もはやあまり近づきたくないというか、離れた距離から拝むのが精いっぱい。

小沢　君、ライブに行って拝んでるんだ。

板垣　拝みませんか？

金原　拝みます！

小沢　カエラさんは、推される側としても存在するわけじゃん。ファンに「カエラちゃん推しなんです」という人もいるじゃない、どう接するの？

木村　どう接するかと言ったら、自分は絶対的な存在でありたい感じです。

小沢　その子達にとって？

木村　はい。だから、ライブに来てくれたら、明日からまた頑張ろう、やる気が出た！と思ってもらえるぐらい自分が頑張らなくてはいけない。輝きを放ちたいし、その輝きを貯蔵してもらって、また明日から撒きながら過ごしてほしい。なくなったらまた会いに来てほしい。すごく漠然としたイメージですけど、ステージに立っているときは太陽になりたい、みたいな感じ。

金原　太陽だし、神です！

お題

好きな人にメッセージを送り待つ気持ち

最近好きな人ができた。
だけどまだ片思い。
この前、連絡先を
教えてもらったから、
勇気を出して誘ってみようかな。
メール送った。
返事がくるまで待つ気持ち、

これって、何て言う?

手紙を読んだ香具矢が、
すぐに返事をしにくるかもしれない。
動悸が激しくなり、
こめかみが石化したように
感じられるほど緊張してきた。

――三浦しをん『舟を編む』

三浦しをん（1976〜）
小説家。『風が強く吹いている』、直木賞受賞作の『まほろ駅前多田便利軒』など。『舟を編む』は2012年の本屋大賞受賞。

小沢
楽しいというよりも緊張。

橋本
「こめかみが石化」という体感はしたことがないけど、それぐらい緊張していて、その気持ちもわかる。

水野
「すぐに返事をしにくるかもしれない」の部分、前後の文脈はわからないが、「すぐくるかも」と思っているところが、この恋に対して冷静じゃないことを表している。

金原
大げさなようにも感じられるけど、確かに石になるほど固くなるのもわかる。でも「こめかみ」が独特な表現ですね。この小説は真面目な人達の恋愛。だからこそ「こめかみ」なのかな。私なら「こめかみ」ではないような気がする。「丹田」、へその下。石が胃に沈むような重たい感じを胴体のほうが感じる。

世界で最も平等なのは”時間“です
……というのは嘘だ。
どこぞの誰かが
カップ麺が湯立つのを待つ3分と、
私があなたの返信を
待つ3分とが、
同じなわけがない。

――水野良樹　書き下ろし

水野良樹
→P8

小沢――恋の「相対性理論」。

金原――みんなが体験したことのある「嘘だ」「同じなわけがない」ですよね。自分の思うようにならない恋愛に、ちょっと苦しんでいるような雰囲気も出ている。

小沢――言い切っているようで意外と自分に言い聞かせている部分もあるのかな。

水野――待つ時間は、その人の日常の中で特殊な時間になる。自分が体験したこともあるし、皆さんも体験したことがある。それを対比させて書いてみたいと思ったのがきっかけ。
ロンドンオリンピックを現地で見させてもらう機会があり、ウサイン・ボルト選手が100メートルを走る姿を目の前で見て。約10秒。10秒も過ぎ去っているけど、6万人の観客が集中していて、とんでもない価値のある10秒になっていて。こんなに時間って違うんだなと感じて、それをアイディアとして書いてみました。

お題

同窓会に向かう時

今日は高校の同窓会。
友達に会うのは数年ぶり。
あの時はみんな一緒だった。
けど、今もあの頃みたいに
うまく話せるかな。
久々に会うのが
うれしいような怖いような。

この気持ち、何て言う？

小沢
小学6年生の時の苦い思い出を持つ主人公が、小学校の同窓会に向かう時の気持ちです。

広末
同窓会というのは「目的の店」だけでわかるんですけど、「もう一種べつの汗」でみんなわかるのがすごい表現だなと思います。

朝井
「べつの汗」という表現が、読者に自分の人生を振り返させているんですよね。私は、読みながらいつしか自分の人生の記憶を差し出してしまう文章が好きなのですが、これはまさにそのケースです。「水の膜を掻くようにして」という身体的な比喩も併せて、感覚が刺激される文章です。

蒸した大気に滲みでる汗と、
もう一種べつの汗に肌をしめらせ、
私は水の膜を掻くようにして
目的の店をめざした。

―森絵都「むすびめ」

森絵都（1968~）
小説家。「むすびめ」は短編集『出会いなおし』に収められている。
『カラフル』『みかづき』など。

服装にもメイクにも
いつもより数倍気を配りながら、
自分は今誰に向けて外見を
整えているのだろうかと思う。
気になっていたあの人だろうか、
見下してきたあの人だろうか。
それとも、過去の自分だろうか。

――朝井リョウ　書き下ろし

朝井リョウ
→P8

広末

「過去の自分だろうか」がすごく気になった。対象を「気になっていたあの人」「見下してきたあの人」はわかるのですが、「過去の自分」がここに並ぶとはさすがだなと思います。

朝井

女性を主人公にしたのは、身支度の段階が男性よりも多そうだからです。特にメイクは細やかな差をつける作業なので、「自分は何のために頬を光らせているんだろう……」みたいに我に返る機会も多いのかなと。もちろん人の目が気になって自分を整えていくんですけれども、実は、なんの力もなかったあの頃の自分に会いに行くのが同窓会のような気がします。

吉澤

書き下ろしで、女性目線の文章を書くというのが、やっぱり小説家。私は書き下ろしをだいたい自分に近い目線で書いていたので、面食らったのと、きらめきからほの暗さまでのグラデーションができていて、美しいなと思いました。

お題

恋に落ちて世界が見違えるほど浮かれている時

職場の先輩に恋をした。
大好きな人に会えると思うと、
明日が待ち遠しい。
何だろう、
いつも見ていた何気ない風景が
まるで別世界のように
輝いて見える。

この気持ち、何て言う？

月の光も雨の音も、恋してこそ始めて新しい□と□を生ずる。

――永井荷風『歓楽』

永井荷風（1879-1959）
小説家。アメリカ・フランスなどの外遊を経て、芸術の美しさを追求した耽美的な表現を多く残す。『あめりか物語』など。

小沢　□の中には何が入る？

橋本　たぶん違うんでしょうけど、「光」と「影」。でも「光」が重複しますね。

小沢　正解は「色」「響」。

橋本　「月の光」がより細分化していろんな色の光になるし、「雨の音」も細分化してもっと細かくクリアになる。

小沢　「光」が「色」になり、「音」が「響」きになり、回収している。

水野　恋して自分が見ているものが違う色に見える、音が違う音に聞こえる、と、感覚が変わっていくことをみんながこれほど共有しているのが面白い。みんな同じ「共感覚」のように、恋をしたら見えている世界が変わるというのが、人間は豊かな存在だなと思いました。

映画がつまらなくたって。
シーソーで重みがバレたって。
突然の雨に降られたって。
このまま地球が滅亡したとしても。

――金子茂樹　書き下ろし

金子茂樹
脚本家。2020年「俺の話は長い」で向田邦子賞受賞。「世界一難しい恋」「プロポーズ大作戦」「コントが始まる」「大河ドラマが生まれた日」など。

橋本

結論を言わない。すべてを隠したまま文脈だけをただ連ねただけで、何が言いたいかがわかる。最後の一行をあえて書かないだけで、よっぽど好きなんだなというのが伝わる。あえて表現しないことで、こんなに伝わるんだ。

クッションを最後に設けてくれたような文章になっていて、「たって。」の後に「だ。」ときそうなのに、不意打ちでありつつ、それでありながらより多くのものを表現できている。

金原

「たって。」「たって。」ときて、最後に「しても。」とくると文章としてグッとくる。

ものすごい素敵な言葉です。「だ。」で終わらないところが、抜け感があり、余白がある。最悪のパターンを表現しているところが共感できる。

6 章

じゅくじゅく

じゅくじゅく

[副](スル)「じくじく」に同じ。「傷口が膿(う)んで—(と)している」

じくじく[副](スル)水分を多く含み湿っているさま。水がにじみ出ているさま。「年じゅう—(と)している土地」「傷口が—(と)して治らない」

お題

苦しくなるほど好きすぎてたまらない時の気持ち

この気持ち、何て言う？

人生狂わすタイプ
ここが地獄でも天国
バカになるほど　君に夢中

――宇多田ヒカル「君に夢中」

宇多田ヒカル（1983~）
シンガーソングライター。1998年「Automatic」でデビュー。ファーストアルバム『First Love』はCDセールス日本記録を樹立。

村田沙耶香（以下、村田）――私の中で恋愛と距離が近い言葉です。精神的な密室に閉じ込められて痛みと快楽と依存と不健全が混ざり合って認識ができなくなっているような。痛いけれど生きているという感じがするような。

小沢――痛い時に生きているを感じることもあるよ、と。

川谷絵音（以下、川谷）――全体的にちょっとギャル言葉っぽいじゃないですか。めちゃくちゃやばいときに、「やっべー」みたいな、心の中で言ったり出たりする……心の中にみんなギャルを飼っていて、本当にやばい時、本当に感情が高ぶった時、みんなギャルが出るんだなみたいな。本当に好きな時はこういう言葉になるというか、ぐっとくる。

井之脇 海（以下、井之脇）　「はっきり」という言葉が面白いなと思います。現実的な事実と感覚的な事実の2つがあると思っていて、もちろん心臓は絶対に死なないじゃないですか、現実的には。でも「はっきり」と断定できるぐらい感覚的には何かが欠落してしまった、なくなってしまったというのが、すごく伝わるなと思って。

村田　「私の心臓は～死んだ」でもいいと思うのですが「と思う」があることで、生き物としての肉体と別に精神が肉体を持っているような鮮烈な感じがしました。実際の肉体とは別の心の肉体が死んだりねじ切れたり、時には粉々になったり血を流したりしている感覚があって。

融合しているけど分離している激しい印象を受け、とても好きな文章だと思いました。

私の心臓はあのとき一部分はっきり死んだと思う。さびしさのあまりねじ切れて。

――江國香織『号泣する準備はできていた』

川谷　僕はどっちかというと、あんまりこの「はっきり」とか「ねじ切れて」みたいな感覚になるよりは、どうしようもない感じというか、心臓がふわふわしている感じの方が近いから、普通はこう思うのかな、僕が違うのかな、とかめっちゃ考えちゃいましたね。

すぐ俯瞰の自分が出てくるから。歌詞とかも、僕はわかりやすいものを絶対書かないんで。想像してもらって汲んでくれっていう。だから、恋愛とかも「汲んでください」っていうタイプなんですよ。

小沢　はっきり君が好きだって言わない？

川谷　言わないですね。

小沢　どうしてきたの？ 歌渡してたの？ この曲から汲みとれって、渡してたの？

川谷　そんな「汲みとれよ」じゃなくて（笑）。「どうか汲みとってください」みたいなスタイルなんでしょうね。

江國香織（1964～）
小説家。『号泣する準備はできていた』で2004年直木賞受賞。『きらきらひかる』『落下する夕方』『神様のボート』など。

私たちの髪の毛も、皮膚も、
余りにも同質で、
触れ合うと同時に
液体同士のように溶解し、
境界線が見えなくなる。
完璧に溶け合った自分たちの
髪の毛の渦を見ると、彼女を
喪失している気持ちになった。

—村田沙耶香　書き下ろし

村田沙耶香
→P9

井之脇　「触れ合うと同時に液体同士のように溶解し、境界線が見えなくなる」というのは、結構僕が普段考えていることに近いなというか、同じ時間を共有して同じにおいを吸っていることを繰り返していると、他人なんだけど他人でない瞬間がたくさんあるというか。それこそ、自分は心で傷ついてもいいじゃないですか。境界線の外の人は傷つけたくないけど、でもその中に入ってきた瞬間、わからなくなる瞬間があるんですよね。

小沢　これはどういう発想で作られたんですか。

村田　私が主人公がないとどうしても小説が書けないので、自分のクローンを4体買って、その中のクローンのひとりに恋をする女の人の話を書いたことがあったので、その主人公の気持ちを書きました。

これは、主人公と彼女のクローンという設定ですが、でも他のケースの恋愛でも、溶け合っている感じとか、相手の中に自分を発見する感じとか、恋愛対象との同化や融合の感覚を抱くことはあるのかな、と思います。溶け合って同質化するのも、異質でまったく理解できないのも、恋愛の側面なのかな、と書きながら考えていました。お互いを食べているような感じで、五感とかて、どんどん同質になっていく場合もあるのだろうな、と。

小沢　井之脇君が言ったのと一緒だね。どんどん一緒になってしまうっていう。

お題

昔の恋人を思い出した時の気持ち

柄にもなく海なんて来るから、
久しぶりに君のことを
思い出してしまった。
あふれ出した記憶に、
少し胸がぎゅっとなる。
昔の恋人を思い出した時。
この気持ち、何て言う？

小沢　昔の恋人を思い出した時の気持ち。ちなみにVTR中で流れていました山崎まさよしさんの「One more chance」ですが、One more time, One more chance」ですが、歌詞中とにかくいろんな所で君を思い出しています。向いのホーム、路地裏の窓、そしてなんと新聞の隅まで探しています。

さあ、新聞の隅まで探したことある人、スイッチオン。

川谷　載っているわけないですもんね。

井之脇　昔、お付き合いしていた方が、押しボタン式の信号機があると必ず走っていって押す人だったんですよ。

小沢　えー。すごくかわいい。

井之脇　すごく具体的な話なんですけど。いまだに見るたびとか押すたびに、ふっと思い出すんですよね。前まではセンチメンタルになっていたところもあるんですけど、今はどっちかというと、思い出と一緒に押している感じがするというか。

小沢　物語とか歌詞のような世界だね。昔の恋人を思い出した時の気持ち、時代を超えて歌い継がれる、あの歌詞に表現されていました！

小沢　「なつかしい痛み」「懐かしさの一歩手前」。懐かしいって表現だけでもいろいろな言い方ですね。

村田　「時間だけ後戻りしたの」とありますが、記憶って忘れていると思っていても眠っていて、現実より鮮明に蘇ってきてぞっとすることがあります。吐しゃ物のように記憶がどっと出てくるというか。記憶って暴力的だなと思う時がありますね。記憶に殴られているような感じがする時があります。

川谷　竹内まりやさんの「懐かしさの一歩手前でこみあげる」というのも、多分もうほぼ同時なんですよね、苦い思い出も懐かしさも。「一歩手前」と言っているけど、懐かしさはこのへんに、もう直線上に見えていて、ここに悲しい、苦い思い出があるみたいな感じをめちゃくちゃうまく表現している歌詞で、すごく好きなんですけど。僕も下北沢へ行くと普段絶対言わない「なっつ」とか言っちゃうんですよ。懐かしい。それって、「なっつ」と言っている時点でもう、嫌な思い出も込み、その一言で。

なつかしい痛みだわ
ずっと前に忘れていた
でもあなたを見たとき
時間だけ後戻りしたの

―松田聖子／作詞・松本隆
「SWEET MEMORIES」

松本隆（1949～）
作詞家。音楽プロデューサー。「木綿のハンカチーフ」「硝子の少年」など。

懐かしさの一歩手前で
こみあげる　苦い思い出に
言葉がとても見つからないわ

―竹内まりや「駅」

竹内まりや（1955～）
シンガーソングライター。「PLASTIC LOVE」「元気を出して」など。

そうだ、君は
蹄みたいに揺るぎなかった。
夜中に急に現れて
心の表面を踏みしめた。
痛みと記憶が混ざって忙しい。

―― 川谷絵音　書き下ろし

川谷絵音
→P9

井之脇　「表面を踏みしめた」というのが面白いと。心の中まで１回ぐちゃぐちゃに混ぜられちゃう感じがするのを、表面を固く持っているのかな、と思いました。

村田　私は、痛みと記憶が混ざって苦しいなどではなくて、「忙しい」という言葉なのがとても混乱している感じがあって、痛み以前の痛み、みたいな印象を勝手に受けました。

川谷　「蹄みたいに」というのは、この詞を書く時に、「踏まれる」を使いたいと思って「蹄」が出てきて。蹄ってよくよく調べたら、馬の第二の心臓と言われていて大事な部分なんですよ。君は自分の第二の心臓ぐらい、揺るぎなく大事だった、ということを二行で表現して。

小沢　「表面」とか「忙しい」という表現に対しても１００％自分の感情を言いたくないというのがあって、心の中までぐちゃぐちゃにされたかもしれないけど、言いたくないみたいな感じで「想像してくれ」という。基本、僕、こういう表現になっちゃうというか。

小沢　川谷さんは歌詞を書く時、ネットの検索窓に出てくる候補の言葉を使っている……と。

川谷　小説を読みながらわからない言葉を毎回Ｇｏｏｇｌｅで調べていて。例えば「く」とか入れると、全然関係ない時に調べた言葉も出てくる。そこから詞になったりとか。僕は偶然性に対して愛を持っているんで、自分がそれをつかんだという感じで歌詞を書いているんです。

小沢　村田さんは独自の創作法はあったりするんですか？

村田　独自かはわかりませんが、小説を書く時、一番最初に主人公の似顔絵を描きます。年表を作り設定していきます。そうすると彼らが自動的に言語を発するので、言葉が必然になっていき、その言葉と私が偶然出会うという感覚です。

お題

失恋をして悲しい以上の悲しみを感じた時

大好きな人にフラれてしまった。
私からあの人が
いなくなるなんて。
もう会えなくなるなんて。
何も考えられない。
悲しいだけではおさまらない。
この気持ち、何て言う？

小沢　こういう気持ちは、皆さんは経験ありますか？

井之脇　同世代の人やもっと下の子達を見ていると、僕もそうなんですが、悲しむことすら怖がっている人が多い気がして、恋愛も結構自然消滅の子とかがまわりに多くて。

小沢　はっきり、「もう俺達終わりだな、別れよう」を言わずに。

井之脇　相手と深く向き合ってぶつかって悲しむというのは憧れというか、経験してみたいなと思います。

小沢　経験してみたいよね。さあ、経験者。

川谷　ふふふ。

小沢　経験したことある？

川谷　あります。悲しいとか、その時は思っていなかったけど、ただもう、何をしていいかわからない、何も手につかない、歌詞を書くことしかできない時はありました。

わたしは奥歯を強く噛んで涙をこらえた。
口の中いっぱいに拡がる漆黒の闇を
噛みしめているような気がした。
今後、耐えていかねばならない野呂の不在は、
わたしにとって、無限の闇、無限の［　　］だった。

――小池真理子『愛するということ』
～かつての同棲相手が別の女性と新しい生活を始めると知った時の気持ち

小池真理子（1952～）
小説家。『恋』で1995年直木賞受賞。『無伴奏』『神よ憐れみたまえ』など。

小沢　さあ、空欄に入る言葉、何だと思いますか？　答えはこちらです。

無限の「空洞」

井之脇　めちゃめちゃわかりますね。どこにもつかむものが何もないみたいな感じですかね。

村田　「口の中いっぱいに」闇が「拡がる」というのが好きです。「ような」と例えて書いてありますが、口の中は閉じている時はだいたい暗いと思います。そこに「漆黒」とあることで闇の印象がより鮮烈になって。語り手にとって急に墨汁が口の中にあるような感覚になるというのが、すごい表現だなと思って読んでいました。

悲しくなる前に　あなたを忘れちゃわないと
無理なのわかってるの　と夜更けに向かって走った
涙が枯れたらさ　またあなたを思い出すの
触れるか触れないかで　心臓が揺れるよ

—— indigo la End「悲しくなる前に」

indigo la End
ロックバンド。ボーカルは川谷絵音。「瞳に映らない」「夏夜のマジック」など。

村田　「悲しくなる前にあなたを忘れちゃわないと」という最初の一行は意外な言葉が組み合わさっていて少しびっくりしました。恋愛で一番悲しいのは忘却かなと思っていたので新鮮でした。鮮度が高い喪失というか、生々しい、感情にスピードがある言葉だなと感じました。

小沢　さあ、川谷さん。

川谷　「悲しくなる前にあなたを忘れちゃわないと」とできないんですけど、頭の中でただ思っているだけみたいな感じというか。だから「無理なのわかってるの」となっていて。で、「夜更けに向かって」別に走ってないんですけど、何か心がそうなっているというか。悲劇のヒロイン感みたいな。

小沢　ヒロインぶるヒロインの歌。

川谷　だいたいみんなそうじゃないですか。行動には移さなくて、頭の中でいろいろなことが起こるというか。「涙が枯れたらさ　またあなたを思い出すの」というのも、涙を流している時にいろいろ思い出してはいるけど、枯れてもいないかもしれないけど、すごい時間が経ってもまだあなたを思い出してしまうよ、ということを言いたくて。で、ジェットコースターとかで下りた時のふわっとなるあの不快感、無重力感みたいなのを失恋の時に感じることが多くて、それが心臓がどこに触れるわけでもないというか、触れるわけでもないぐらいの感じで揺れているのが気持ち悪いというのを、「触れるか触れないかで心臓が揺れるよ」みたいな歌詞に。

小沢　不快感をこの一行で表現している。面白いね、それ。

お題

元恋人の結婚を知った時の気持ち

親友の
結婚式の帰り道。
共通の友人から告げられた、
元カノの結婚。
別にもう
どうでもいいはずなのに。
この気持ち、何て言う？

ヒャダ　お節介な……。

小沢　元恋人の結婚を知ってしまった時の気持ち、抱いたことありますか？

美村　ないですね。女性と男性の恋愛観で、上書きやらフォルダやらというじゃないですか。

綿矢　私はハードごとごっそり捨てちゃうから残っていない。あと、お節介な人とも付き合いがなくてラッキーだったかもしれません。

元カレよりも、結婚した女性と自分との距離感を考えてしまいます。同じ人を愛したのか、みたいな。男性よりも、結婚相手の方がどんな人かなとか、もしかしたら気が合うのかな、とか。

小沢　気が合ったとして、友達になれるの？

綿矢　友達になりたくないけど、気になっちゃう。どんな人なんだろう。

小沢　言葉のプロはこの気持ち、どう表現する？

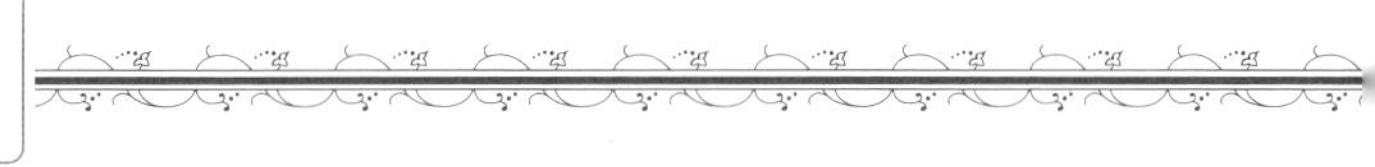

美村　江國さんぽいな、「誰かのものになれて」。ちょっと時代的な言い方かなと一瞬思いきや、誰かのものになったということは、自分も誰かを所有したという、コネクトが強い感じがしたので、がっつり恋愛体質なのかなという感じがしました。

綿矢　「でもすこしだけ」、短い間しか付き合ってないかもしれないけど、でも本気で愛して、本気で相手のことを思ったからこそ、出てくる。いたいけな言葉だと思いました。痛い系？
小説家になる前から好きな作家さんで、読んで影響されて。湿度のある小説を書かれるので、質感というか、雨の日っぽいようなイメージも多くて。

小沢　この3行だけでも湿度を感じる？

綿矢　彼女の書かれたいろんな小説のいろんな主人公が頭に一緒によぎるので。全力投球で相手が好きという人が多いから、その記憶も相まって、めちゃ胸に迫る。

美村　江國さんは、湿度も女性っぽさがぐっと前に出たものが多くて。主人公を見ていても、キャラクターは自分と違うと思っても共感してしまいます。そこが面白くて。確かに、いろんな主人公がよぎりますよね。

さようなら。もうお目にかかりません。
でもすこしだけ、
誰かのものになれてうれしかった。

――江國香織『ふりむく』

江國香織
→P84

君と僕の人生という道が
もう二度と交わらない事をお喜び申し上げます
今教会のドアを足で開けて君の手を強く握って
走り出す勇気なんてものは無いよ

— back number「そのドレスちょっと待った」

back number
スリーピースバンド。2004年、ボーカル清水依与吏が中心になり結成。「クリスマスソング」「ハッピーエンド」など。

崎山　「走り出す勇気なんてものは無いよ」が気になった。ここまでいろいろ思ったりしていて、後に脱力する感じ。絵が浮かぶ歌詞が素敵。

綿矢　勇気ない割にはすごい想像してて。できないはずなのにめっちゃリアルにやっている自分を想像しているから、本当はやりたいのかなと思いました。

小沢　そこまで想像した上でできないという、勇気の無さかもしれませんね。

綿矢　頭の中ではやっているけど、実際にやるとなるとやっぱそこまでの勇気は無い、ということかもしれない。

ヒヤダ　back numberさんはそういう歌詞が多くて、めちゃめちゃ想像して勇気のある自分や勇敢にいく自分を想像するんですけど、自己評価の低さで、圧倒的な圧倒的なネガティブさで、自分なんかみたいな者がいけるか、ということで、結果、妄想で終わる。

美村　前半にある「お喜び申し上げます」。「めでたき日を迎えたことをお喜び申し上げます」みたいな定型の文を入れることによって、一瞬、無表情な文章になっておきながら、アクティブな「ドアを足で開けて君の手を強く握って」で盛り上がるのかなと思ったら、「なんてものは無いよ」と終わる。この起伏の付け方が素敵で、定型をひねった表現が大好きなので、すごくそこが効いてるなと感じました。

ヒヤダ　「君と僕の人生～交わらない事を」はちょっと嫌味っぽくも聞こえるんですけど、やっぱり「ボクみたいなものと二度と交わらないあなたはとてもハッピーですね」とも聞こえる。

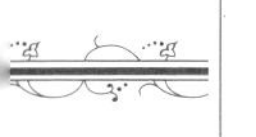

想い出は何故にこうも綺麗なのか。
あんなに大変だったのにね。
想像する。君のヴァージンロードは、
んなわけない花ばかり咲く。

── ヒャダイン　書き下ろし

ヒャダイン
→P8

美村
きれいな感じにまとまりそうなところに、誰でもわかりそうな文章の中に、「んなわけない花」と入ると、すごくパーソナルなもので、彼女と彼にしかわからない感覚があるのかな。「んなわけない花」って何だろうという興味もわいて、すごく好きです。

綿矢
「君」というのも、とてつもない変わり者という感じがするんですけど、その人と結婚された旦那さんもいいコンビなんじゃないかな。結婚したら、さらに「んなわけない花」が咲きそうだな。いいコンビな二人のイメージがわきました。

崎山
「君のヴァージンロードは、んなわけない花ばかり咲く」がすごいな。ヴァージンロードにある花が、恋人との思い出だとしたら、知らない花が咲いているというふうにも受け取れて。素敵な表現だと。

ヒャダ
彼女と付き合っていた時のことを思い出すんですね。身勝手なもので、いい思い出ばかり思い出す。結婚生活=幸せとは限らないし、他人の家庭にはそれぞれの不幸があると思うんですけど、そういう不幸が見えなくて、幸せしか見えてないんですよね。
で、想像するんです。どんな結婚式、どんな人生を送っていくんだろうと思った時に、ありえないようなきれいな花がボンボン咲いている、といった、ご都合主義に考えてしまう。

小沢
いいやつなんだね。相手の不幸を望んでいない。

ヒャダ
幸せなんだなー、キラキラしか見えてない。

お題

やらかしたことを思い出して後悔する気持ち

やっちまった！
やめときゃよかった。
頭から離れない。
やらかしたことが
眠れないほど苦しいこの後悔。

この気持ち、何て言う？

忘れかけると、
怪鳥が羽ばたいてやって来て、
記憶の傷口をその嘴で突き破ります。
たちまち過去の恥と罪の記憶が、
ありありと眼前に展開せられ、
わあっと叫びたいほどの恐怖で、
坐っておられなくなるのです。

― 太宰 治『人間失格』
～主人公が一方的に別れた女性の様子を
友人から聞かされた時の気持ち
友人を鳥に例えて描いている

太宰 治
→P38

村山由佳（以下、村山）
「怪鳥」は普通に読めば「かいちょう」ですけど、私だったら「けちょう」と読んでほしいかな。同じ意味ですよね。「けちょう」とも読むんですか。物の怪の「け」じゃないですか。だから「けちょう」と読むと、何だかわからない怪しいものが来て、魂の暗がりの感じがひしひしと伝わってきます。

小沢
この世のものでない。

村山
友人が「けちょう」と化して「記憶の傷口」が何べんも破られると、刑罰みたいだなと。「過去の恥と罪の記憶が、ありありと」という言葉も生々しく感じて、いろんなものを突きつけられている感じがしました。
太宰は恥の意識が大きい人だったので、あなたのこと誰もそんなに気にしてないよ、ということも、気にする人だったと思うんですよね。そんじょそこらの恥と記憶ではないんだろうなと。

今さらどれだけ悔やんでも、
時は巻き戻せない。
あんなにも彼女を傷つけた奴を、
二度と立てないくらい
殴りつけてやりたいのに、
それが自分だというのがいっそ笑える。
息をするたび、
血の中を無数の針が流れる。
心臓が、ゆっくりと
すり潰されてゆく。

──村山由佳　書き下ろし

村山由佳
→P9

石崎　すごくドキドキする文章だなと思いました。最初、「二度と立てないくらい殴りつけてやりたいのに」のところで、「彼女」が誰かに何かされたのかな、大丈夫か？　とドキッとして。でも、刃は外に向けられたのではなくて、自分に刃を突き刺している表現だと。「こういうの、書きたい！」と思いました。

小沢　僕が好きなのは「いっそ笑える」のところです。ちょっとニヒルさというか。

村山　常に自分を俯瞰で見ている感じです。

小沢　常に冷めている部分があってことですね。カメラをいっぱい置いているような書き方ですよね。内臓まで書いているから、これは胃カメラもありますね。

村山　血液検査もしてますね、きっと。

小沢　人間ドックエッセイ!?

7章

モヤモヤ

もや‐もや
［副］（スル）
1 煙や湯気などが立ちこめるさま。「湯気で―（と）している浴室」
2 実体や原因などがはっきりしないさま。「―（と）した記憶」
3 心にわだかまりがあって、さっぱりしないさま。もやくや。「彼の一言で、―（と）していたものが吹っきれた」

お題

充実した生活を送っている人のSNSを見た後の気持ち

この気持ち、何て言う?

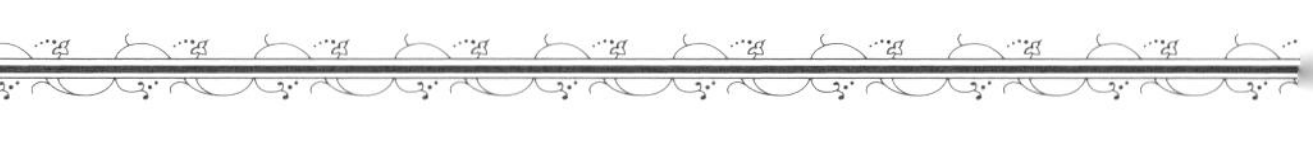

短い短い言葉で紡ぎ出される毎日の記録は、余分な部分が削げ落ちているから、一口でもうお腹いっぱいになるくらいに、濃い味がする。

――朝井リョウ『何者』

朝井リョウ
→P8

小沢　実はこの気持ち、朝井さんの作品の中に書かれているのを見つけました。就活生の本音と自意識を書いた直木賞受賞作『何者』。知人のSNSを見た時の主人公の気持ちがこちら。

広末　面白いと思いました。「削げ落ちているから」「濃い」というのが、文章量とか表現で言うと、朝井さんのお仕事とか小説と、ある意味対極にあるSNSの表現だなと。

吉澤　冒頭で「短い短い」と繰り返すことによって、他人の嫌悪感をそのまま飲み込んだような気持ちになって胸やけがするというか、ギラギラ光る文章だと思って、好きです。

朝井　この作品は就職活動のシーンが多く出てくるのですが、それは、SNS普及によって言葉の簡略化が進んだことと、たった数十分で自分のすべてを相手に伝えなければならない面接がどこか似ていると感じたからです。ポイントは、それを「濃い味」と表したところでしょうか。

私が今笑っているか泣いているのかが
私にしかわからないように
あの子のほんとうの笑顔も涙も液晶は映さない

――吉澤嘉代子　書き下ろし

吉澤嘉代子
→P8

広末　深いなぁと思います。あと、時代や世代もあるんだなと。この世界に入って、女優という肩書をもらって、「ほんとう」が笑顔なのか涙なのかを伝えなくてはいけないと思っていなかったんです。それが夢を与えたり、物語に連れてってくれる手段だと思っていたけれど、今の世代の人は、やっぱりある程度の真実を知りたいとか、SNSでも近くに感じたいからこの表現なんだなって。

吉澤　SNSは白雪姫に出てくる魔法の鏡のように、自分が見せたいもの見たいものを見てしまうので、表に出る仕事をしていると、悲しい時に「悲しい助けて」とツイートできないじゃないですか。泣きながら次のライブ告知をしていることもあるし、その一面だけでは何も判断できないな、としか思えなくて。

朝井　吉澤さんの歌詞からも感じるのは、単語を漢字にするか平仮名にするかまで細かくこだわっていらっしゃるということ。後半の文章で「笑顔」「涙」「液晶」と字画の多い漢字が続きますが、その中で「ほんとう」だけが開かれています。とても心許ないんです。図形として全体を見たときに視覚的にどこが引っかかるか、そこまで考えていらっしゃるのが伝わってきました。

吉澤　大好きなんです。レコーディングが終わっても、ブックレットができるぎりぎりまで直しています。その文字自体に形があって、漢字は意味があるじゃないですか。でも、平仮名はフラットなのでちょっと曖昧にしたい時とか、たくさんの意味を持たせたい時に使って。ロマンチックだったり怖いイメージをガツンと出したい時に、漢字にしたりとか。

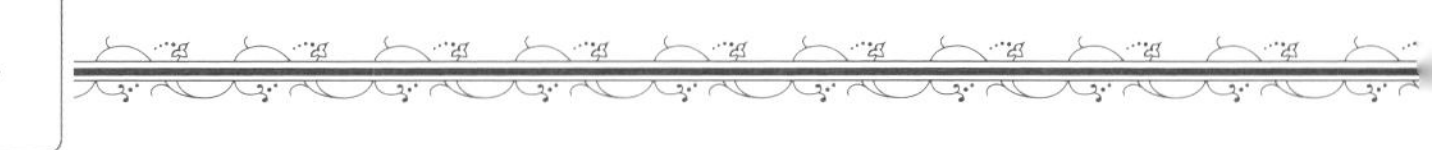

広末　表現として「斑な興味を懐に」ってかっこいい。

吉澤　しびれるフレーズを入れるところが、漱石先生、かっこいいですよね。感情を絵的に示しているのが面白い。

朝井　人間には常に矛盾した感情がありますよね。近しい人ほど、もちろん幸福を願ってもいるけれど、近しいからこそ最も傷つけることもできる。抱きしめながら骨を折る、みたいなことができる。そんな矛盾が誰の心にもあるということを突きとめられた感じがします。

小沢　ちなみにタイトルは、内容とまったく関係なく、執筆が元日から彼岸過ぎまでの予定だったので、このタイトルを付けた、とのこと。

朝井　そうだったんですね！　タイトルって不思議で、決まっていれば〝勝ち〟も同然なんです、私は。内容が全然決まっていなくてもタイトルさえ決まっていれば、コンパスとか何もないけど北極星だけ見えたからあっち進めばいい、みたいな感じになるんですよね。逆に、内容はほとんどできているのにタイトルが決まっていない時の不安感って凄まじい。本当に不思議です。

青年があんなでは駄目だと考えたり、
またあんなにも
なって見たいと思ったりして、
今日も二つの矛盾からでき上った
斑(まだら)な興味を懐に、
彼は須永を訪問したのである。

――夏目漱石『彼岸過迄』
～主人公が裕福な友人・須永の家を訪れた時の表現

夏目漱石
→P68

お題

不安を抱えながら別れを迎える時の気持ち

今日、彼女は
故郷に帰ってしまう。
次、君に会えるのは
一体いつになるだろう。
不安を抱えながら
彼女を見送った。

この気持ち、何て言う?

君の口びるが「さようなら」と動くことがこわくて　下を向いてた

――かぐや姫「なごり雪」

小沢メモ

もともとかぐや姫の楽曲としてリリースされたのですが、その後、イルカさんがカバーして大ヒットした名曲。

かぐや姫
1970年にデビューしたフォークバンド。1973年の「神田川」が大ヒットに。「なごり雪」は伊勢正三が作詞作曲。

川谷

「さようなら」って、結構口が動くじゃないですか。それが「動くことがこわくて」というのが、「バイバイ」より怖さが出るじゃないですか。すごく長く動かれると、めちゃくちゃ別れを告げられている感じがするというか。今生の別れぐらいのレベルに聞こえるから、それが歌詞的でいいなと。「下を向いてた」も、実体験だったとしても、本当は下を向いていないかもしれないですよね。歌詞にするときに、やっぱり「下を向いてた」という方がいいから、これはすごくきれいな歌詞というか。

村田

唇を見ないだけなら、空を見たり目を閉じたりしてもいいと思うのですが、「下を向いてた」ということは、肉体を外から見た時にちょっと悲しげな姿勢になっているんだな、と。

川谷 前後はわからないですけど、一番最後の「悟ったらしかった」というのが他人行儀で、別れ以上の皮肉まで込めてあるというか。絶対わかっているのに、もうそこで他人になっているみたいな感じがして。

小沢 すごいよ。この小説、読まれてる？

川谷 読んでないですよ。

小沢 でもこれだけでそこをちゃんと読み取れてる。俺が偉そうになっちゃったけど。ほー、と思いましたね。

井之脇 「この雨の中が、これから私が生きていく世界なのよ」。雨の中で生きていくというのは、基本的にはハッピーなことではないじゃないですか。別れを気づかせるために、この言葉を選んで、雨の中で私は寂しく孤独に生きていくというのが、この文から伝わるなと思って。

小沢 皆さん、合格です。さすがですね。文の中での一番の表現のポイントはどこになるんですか。

村田 「世界」という言葉が昔から好きで、前後の文章によってすごく意味が変化する言葉だと感じています。台詞の中で使ったのは、二人の世界がこれから断絶するということを主人公が宣言し、それはもう翻らない決断だったからだと思います。

「この雨の中が、これから私が生きていく世界なのよ」その言葉で、ハヤトは、私がもう彼と生きていく気がないことを悟ったらしかった。

― 村田沙耶香「生存」
～雨の中、よりを戻したくてホテルに誘う彼に対し、主人公の私が言った言葉

村田沙耶香
→P9

もう大丈夫だろうと思って、窓から首を出して、振り向いたら、やっぱり立っていた。何だか大変小さく見えた。

──夏目漱石『坊っちゃん』
～主人公が幼少の頃から家に仕える女性と駅で別れる場面

夏目漱石
→P68

小沢　さあ、気になる言葉、井之脇さんありますか？

井之脇　「やっぱり立っていた」の、特に「やっぱり」という言葉をあえて使ったのには、ふたりの年月みたいなものだったり、近しい関係だったことが強調されるのと、「もう大丈夫だろうと思って」というのが、どういう意味か汲みとりきれないんですけど、例えばもういないかなと思ったけどやっぱり立ってたという、この文の感じが面白いし、「やっぱり」で際立つなと思いました。

川谷　「やっぱり立っていた。何だか大変小さく見えた」のリズムが好きだなと思って。「もう大丈夫だろうと思って」と言っている時点で、結構離れているわけじゃないですか。小さく見えるのは当たり前というか。自分が思っているよりも小さく見えたんだろうなっていう。距離が遠くなっていくから小さく見えるのに、「もう大丈夫だろうと思って」からもわかる通り「想像よりちっちぇえ」みたいな。ちょっと言い方があれですけど。

小沢　言い方があれだけど……。あれでもねえけど、別に（苦笑）。

お題

仕事への不平不満

気づけば
仕事ばかり。
昼ごはんの時間も取れない。
休日出勤も続いている。
なんで俺ばっかり。
あいつはいつも定時で帰っているのに。
言ってもしょうがないけど、
言わずにはいられない。
ああ、もやっとする。

この気持ち、何て言う？

私は強ばる手で受話器を置いて、
とりあえず歯を食いしばり、
床を強く踏みならした。
家なら悪態をついてスチールのデスクを
蹴りつけていたと思う。

―津村記久子「メダカと猫と密室」
〜上司への不満をあらわにした表現

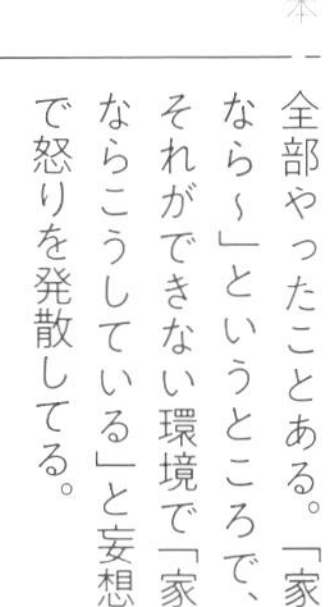

橋本 全部やったことある。「家なら〜」というところで、それができない環境で「家ならこうしている」と妄想で怒りを発散してる。

水野 「とりあえず」という言葉が強い。この段階で、この後どんだけやってやろうかと準備していると言える。よほど、この人の怒りやいら立ちが膨大なものだと、この5文字で強く感じます。

金原 津村さんのこの小説を読みましたが、主人公はそんなに激しい人ではないので、それがここまでなるかという驚きもあるんですよね。「強ばる手」「受話器」「歯」「踏みなら」す足そこから思考が家に飛んで「スチールのデスク」になって、しっちゃかめっちゃかになっているのが文章に表れている。まったく収拾がつかないような感じ。

小沢 さあ、実は、平安時代中期に書かれた紫式部の『源氏物語』に、不平不満を表すちょっと面白い表現があります。【●●吹く】という表現。口から何を吹くのでしょうか。

正解：【蜂吹く】

小沢 不平不満を表現する言葉として「蜂吹く（はちぶく）」。つまり、蜂を口から吹くという言葉を使っています。『源氏物語』で初めて使われた表現で、紫式部が作った言葉です。

水野 なぜだかわからないけど、蜂を選ぶのが女性っぽい。一瞬かわいらしく見える虫ですけど、強い針も持っている。男性だともう少しわかりやすく攻撃的なものを選びそうな気がします。

津村記久子（1978〜）
小説家。『ポトスライムの舟』で2009年芥川賞受賞。『この世にたやすい仕事はない』『ディス・イズ・ザ・デイ』『水車小屋のネネ』など。

全部飲み込む。エクセルの数式壊したの誰だ尻拭いさせんなこの会議意味ある？ggrks全部全部飲み込む。この体に溜め込んだドス黒い野獣が俺の腹を食いちぎって飛び出したら世界が滅亡するからな謝るなら今のうちだぞ。

——金原ひとみ　書き下ろし

金原ひとみ
→P8

小沢　こういう瞬間はありますね。サラリーマンの気持ちで書いたと思いますけど、俺にもわかる。

水野　ただ羅列しているだけじゃなくて、「全部飲み込む」でまとめていますね。最初に俺の中にあるんだぞ、という主張があるから、それも入れちゃうんですか、その気持ちも入れちゃうんですかと、どんどん怖くなってくる。迫ってくる文章です。

金原　でも、「謝るなら今のうちだぞ」という子供っぽい感覚も最後に残して、キャラのちょっとした柔らかさも込めました。

橋本　読点がないことで、流れるような勢いで。うわーって濁流みたいな文章ですね。かっこいいなと思いました。

小沢　怒りは加速しますかね？

金原　そうですね。行き場がないからぐるぐるしているうちにどんどん早くなっていって……。

小沢　怒りは自分で思い返すと余計ムカつくんですよね。なんで思い返すんだろう。「巻き戻しボタン、なくなれ！」といつも思います。

金原　巻き戻さなくなった時が許せた時。巻き戻している時は許せてないということですよね。

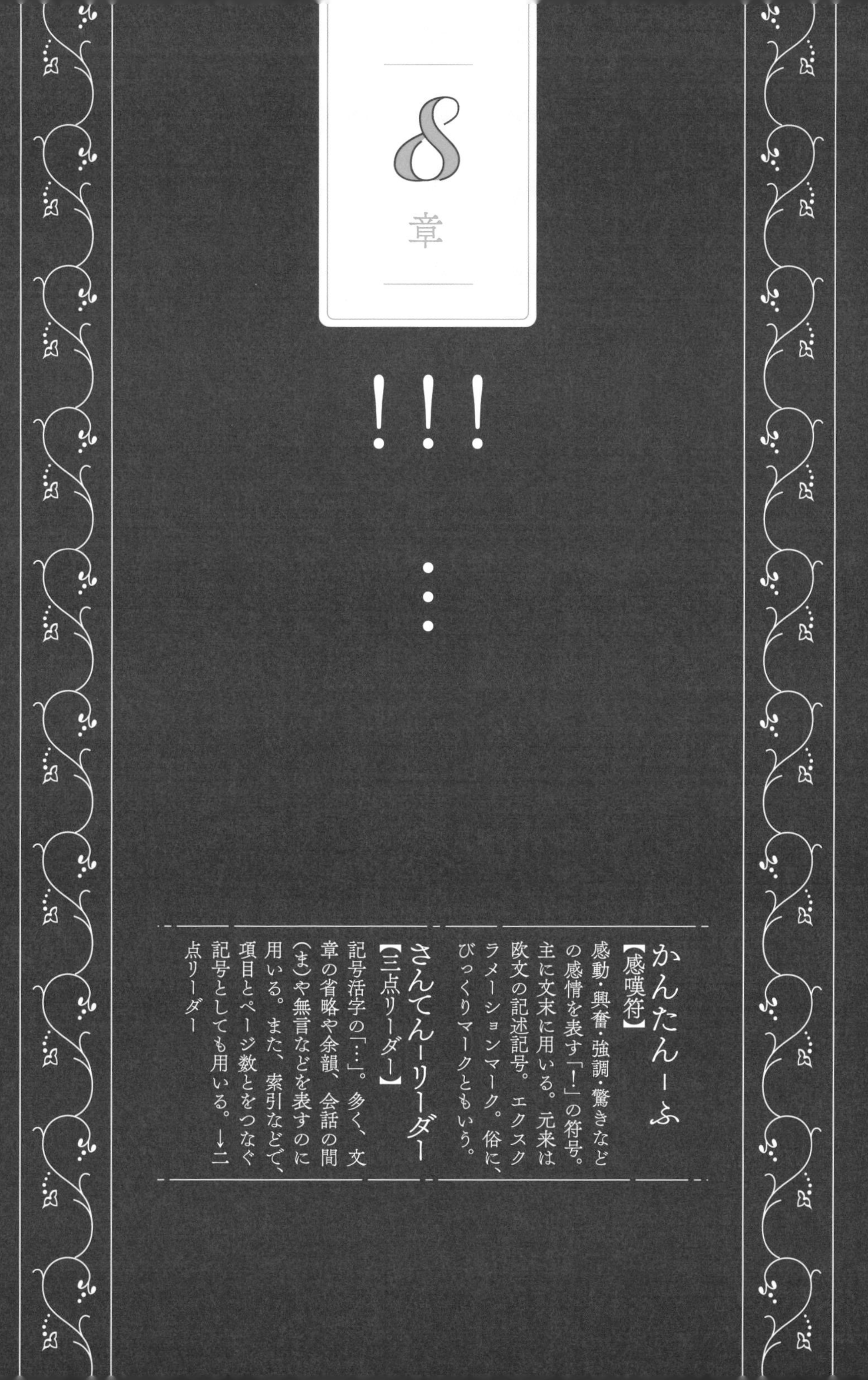
8
章
!!!
…
かんたん-ふ【感嘆符】
感動・興奮・強調・驚きなどの感情を表す「!」の符号。主に文末に用いる。元来は欧文の記述記号。エクスクラメーションマーク。俗に、びっくりマークともいう。
さんてん-リーダー【三点リーダー】
記号活字の「…」。多く、文章の省略や余韻、会話の間(ま)や無言などを表すのに用いる。また、索引などで、項目とページ数とをつなぐ記号としても用いる。→二点リーダー

お題

『ありがとう』以上の感謝の気持ち

この気持ち、何て言う？

恩人としての顔を
君は見せたためしはなかったが、
喜びにつけ悲しみにつけ、
君の徳が僕を霑(うるお)すのを
ひそかに僕は感じた。
（中略）
僕は君と生きた縁を
幸とする。

――川端康成「横光利一弔辞」
～49歳の若さで病死した生涯の親友、横光利一の葬儀で読み上げた弔辞

川端康成（1899-1972）
日本人初のノーベル文学賞受賞作家。『伊豆の踊子』『雪国』『古都』など。

石崎――僕は「恩人としての顔を君は見せたためしはなかったが」という表現が、とても温かいなと。横光さんの人となりが見える文章でもあるし、川端さんが横光さんに対して、リスペクトしている気持ちも入っている。

村山――全然恩着せがましさがないということですよね、何をする、してくれるにしても。だから「徳が僕を霑す」と言うのでしょうし。

――これ、弔辞なので悲しさのかたまりに違いないのですが、終わってしまったのだけれども、自分の中ではずっと生き続けているんだという感じがにじみ出てきて、お二方の人となりがわかりますね。

小沢――皆さんはこんな気持ちを感じる存在はいたりするんでしょうか？

石崎――僕は母親なんですけど、24歳ぐらいの時に亡くしていて。シンガーソングライターとしてデビューできたのも、母親の葬式の日を歌った歌があって、それをレコード会社とか事務所の人達が見つけてくれて。一番尊敬する人なんですよ。母が亡くなった時に、そのアイデンティティーをこの世の中に、伝え切りたいと思ったんです。

できそこないの私を世界でいちばん愛してくれた。
だから私は、残された今生を
精いっぱい生きなくてはならない。
彼女がここまで大切に守ってくれた以上、
私は私を大切にするしかないのだ。

── 村山由佳『猫がいなけりゃ息もできない』

村山由佳
→P9

村山　私にとってなくして本当にショックだったのは猫だったんです。恋人であり同志であり、親でも子でもあるみたいな存在で、半身もがれたような気持ちになっちゃって。でも日常をやっていかなくてはいけないと思った時に、どういう風に考えたらこの先、私は生きていけるんだろうという時の覚悟が、見つけた答えが、これだったんです。

石崎　「大切にするしかないのだ」がっしーんときましたね。「できそこないの私」と始まるじゃないですか。僕も自分のことを「できそこない」だと思っていて、自堕落的な表現を結構するのですが、最終的に希望とか光が見えるように描きたいな、といつも思いながら詞を書いていて。でも、こういう風に言い切れたことはないなと。

小沢　心理描写をする時に、どのように気持ちを言葉へ換えていくんですか？

村山　頭の上に3カメさんがいて、1カメ、2カメ、3カメさんが、ずっと私のことを書いている感じです。

小沢　撮られている監督の村山さんがいて、「へぇ、私こんな顔するんだ」みたいな。

村山　本当に100%悲しめない、みたいな。悲しんでいる自分を見ている、みたいなところがありますね。

小沢　おこがましいけど、僕らもフラれた時とか、悲しいんだけど、これどうやってしゃべろうと思ってるもん。ただ、俺は1カメ。3台もいるの？

村山　自分の目線、相手の目線、俯瞰のカメラの3つ。

小沢
ありがとうを超える言葉、書いていただきました。

村山
本当に素敵です。ありがとうとも感謝とも一言も書いていないのに、その気持ち以外の何物でもないものが伝わってくるのがすごいなというのと、「あなたと出会わなければ知る由もなかったこと」の次に「人は何度でも生まれ変われる」と書いてあるので、きっとこの出会いによってこの人は生まれ変わったんだな、と思いました。

石崎
「一向にやみそうもないということ」にはすごくこだわりました。なんか、土砂降りの雨みたいな感じでもあるのかな、ありがとうって。うわーっていきなり降ってきて、感謝の気持ちが溢れて、自分もだんだん濡れていく感じというか。

悲しみのそばに喜びがあるということ
戸惑いの向こうに幸せがあるということ
あなたと出会わなければ知る由もなかったこと
人は何度でも生まれ変われるということ
今、あなたに伝えたい気持ちが溢れ出して、
それは一向にやみそうもないということ。

——石崎ひゅーい　書き下ろし

石崎ひゅーい
→P9

お題

仕事で疲れ果てた時の気持ち

あと少し。あと少し。
これを乗り越えれば。
ここさえ踏ん張れば。
ここさえ踏ん張れば
ちょっとひと息つけるはず。
ちょっとひと息……。
つけなかった～！
あーづがれだ！

この気持ち、何て言う？

くたくたに疲れて、
空気を抜かれたような軀（からだ）を、
ぶらぶらと無意識に駅へ運んでいる。

――林芙美子『浮雲』

林芙美子（1903-1951）
小説家。半生を綴った『放浪記』がベストセラーに。『清貧の書』『稲妻』など。

川谷　「空気を抜かれた～運んでいる」はよくあります。もう慣性の法則で動いているみたいな。

井之脇　「汚染された～覚えた」って、この場合は血液の話ですけど、僕もあとちょっと行けばベッドなのに、ソファでうつぶせになっちゃうんですよ。そうするとソファのにおいがすごくかげるんです。体いっぱいに吸い込むとそれが体中に巡って、より疲れてしまうみたいなのはありますね。

小沢　皆さんだったら「疲れ」どう表現するか。

井之脇　いつも思うのは、自分の体が指揮系統を失った無能な軍隊になっているなって。体は割と元気でも気持ちというか、自分の体を動かせって命令している指揮官みたいのがダウンしちゃって動けないっていう感覚が。

小沢　シャープな発言するね。

川谷　眠いというか、まぶたと心はもう光を拒否しているのに、体はなぜかそれに抗っちゃうというか。一番覚えているのが、ドラマにちょっとだけ出たのに打ち上げに行って、挨拶お願いしますというので、やばいなと思いつつ「リハーサルとか全力でこられてちょっと恥ずかしかったです、本当に皆さんスゴイと思います」みたいなことを言ったら、まわりはシーンみたいな。その日、壊れるぐらい酒飲んじゃって。

小沢　「疲れた」を表現してくれと言ったのに、なんで滑らない話、始めたの？

川谷　体が勝手に抗ってというか、何か……。

小沢　もう、次、行かせて！

体のどこかに隠れていた疲労が
汚染された血液のように
体中に巡ってくるのを覚えた。

――加賀乙彦『宣告』

加賀乙彦（1929-2023）
小説家。精神科医。『帰らざる夏』で谷崎潤一郎賞受賞。『フランドルの冬』『湿原』など。

仕事で疲れ果てた時の気持ち

もうだめです。わたしの果て。
頭のなかは砂漠で、誰の言葉も届かない。
でも、これはまたなんて広々とした砂漠。
わたしのほかに誰もいない。
大の字になって横たわれば、
濡れて凍ったような星が一つ、
空に光っている。

—江國香織　書き下ろし

井之脇　「頭のなかは砂漠で」。僕の中では砂漠ってすごく怖いところだと思っていて。先が見えているのに何も変わらない景色が続いているって。疲れ果てている時とか、すごくわかるな、と思うし、それが頭の中に存在している、というのが怖いなと思いますね。

村田　冒頭の一行の中に「わたしの果て」という言葉があり、語り手が極限の果てまで来ていることがきっぱりと伝わってきました。「わたし」が平仮名なので、液体のようにとろっとしている「わたし」のイメージを受け取りました。知っている世界ではない世界に行ってしまう、本当に疲れの極限の先のドアを開けているような感じがしますね。

川谷　「濡れて凍ったような」というのがめちゃくちゃいい表現だなと。星が「空に光っている」ってプラスの意味じゃないですか、きれいだなって。きれいに終わっているのが逆に怖いというか、ちょっと不気味さみたいなのがあって、本当にダメな感じが伝わってくる。

小沢　さあ、ここまでいろいろな表現を見てきました。これから使ってみたい言葉はありますか？

川谷　江國さんのを見ていて、すごく歌詞的だなと思って。例えばラブソングで、あなたのことが好きだと言いたいことを、ずーっと曲でやるわけじゃないですか。これも疲れたってことを、ここまで言葉っていろんな表現ができるというか、疲れたで済まないというか、それがきれいというか。言葉を使う人としては、楽しいんだろうなと思いました。

小沢　できんじゃん！

江國香織
→P84

お題

寝落ちする直前の気持ち

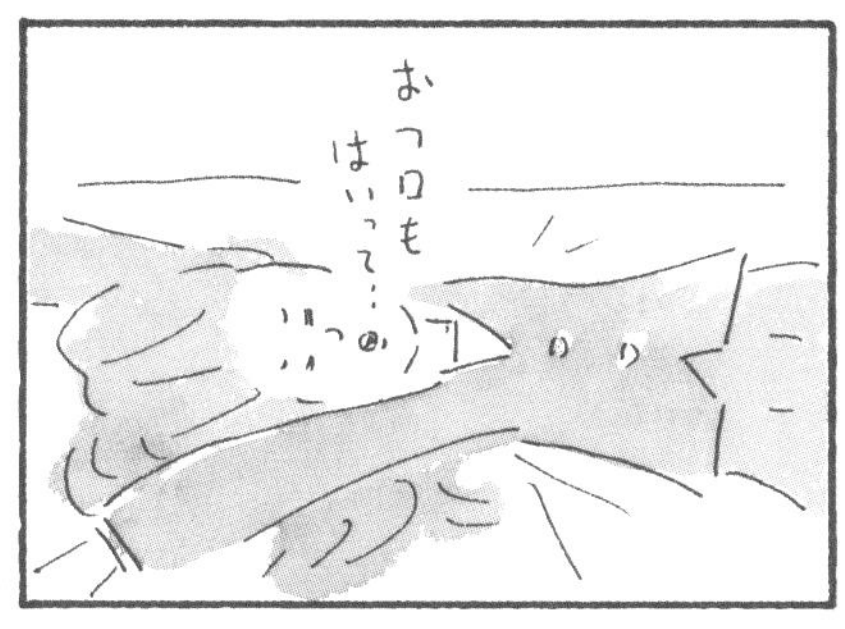

この気持ち、何て言う？

眠りに落ちるときの気持ちって、
へんなものだ。
鮒か、うなぎか、ぐいぐい
釣糸をひっぱるように、なんだか重い、
鉛みたいな力が、糸でもって私の頭を、
ぐっとひいて、私がとろとろ眠りかけると、
また、ちょっと糸をゆるめる。

── 太宰治『女生徒』

石崎　「鮒か、うなぎか」というところが好きですね。自分に置き換えると、鮒はクッションでうなぎはソファなのかなって思いました。

小沢　新しい見解。

石崎　クッションとソファにぐいぐい身体が引っ張られていって、眠りの世界に誘われていくようなことを想像しました。

小沢　これ読むとさ、我々が釣られている魚で、眠気の神が「眠れ〜」って。眠気神に我々が眠りの世界に泳がされてるよね。

村山　好きじゃないけど、うまいですよね、太宰。「とろとろ眠りかける」と「ちょっと糸をゆるめる」というところが、あー、わかる、わかるとなるじゃないですか。それとびっくりしたのは、太宰の小説を読んでいる時は太宰の声、知らないですけど、おじさんの声が聞こえていたんです。でもこうして女性の声で読んでもらうと味わい方が全然変わるんですよね。少女が眠りそうになってまた戻ってきて、という感じがちゃんとダイレクトに伝わってくるので、そういうのも面白いなと思いました。

太宰治
→P38

有給の理由を探る部長の脇汗、
十年前に死んだ実家のエース、
いつまで自分が地球を
守ればいいんだと
電車内に響き渡る悲嘆、
ボトルを咥えた
推しのワイシャツを濡らす
給料の半分するシャンパン。
走馬灯みたいだけど、
たぶん明日はくる。

――金原ひとみ　書き下ろし

金原ひとみ
→P8

村山　かっこいい！

石崎　「走馬灯みたいだけど、たぶん明日はくる」おー！って、最近ちょっとそういうことあったなと思って。いろんな夢が重なっていくような感覚みたいなのが、寝落ちする瞬間にあるんですよ。それを「走馬灯」と捉えたのかなって思って。まだ見たことないけれど、走馬灯ってああいう感じなのかなと、この文章を見て思いました。

小沢　「いつまで自分が地球を守ればいいんだ」というところ、電車内でいつもＳＮＳチェックして、「こいつはたたこう」とか、地球守ってるつもりで携帯いじっている奴のことかなと俺は思った。

村山　最初に読んだ印象で言うと、全然いい日じゃなかったけど、でも「たぶん明日はくる」と終わるのがすごくかっこいいなと。

小沢　きっと前向きなんだもんね。

村山　「たぶん」にすべての望みをかけている感じがしますよね。

お題

締め切り直前の気持ち

大学生
「やばい、あと10分でレポート締め切りだ」
会社員
「もう出なきゃいけないのに、プレゼン資料が間に合わない」
編集者
「先生、原稿まだでしょうか？」
TVディレクター
「っていうか、このVTRの編集が間に合ってない！」
この気持ち、何て言う？

小沢　さあ、締め切りということで、締め切りの直前みんなも経験したことがあるかもしれません。

井之脇　僕はこのお題はまったく共感できなくて。例えば夏休みの宿題とかは全部初日にやってたりとか。

小沢　ええ？　じゃあ、締め切りに追われたこと、一回もないんだ。

井之脇　ないかもしれないです。

小沢　すごいよ。村田さんどうですか。

村田　大先輩の、私がとても大好きな文章を書く作家さんと対談した時に、その作家さんは締め切りを言われた時に、「魂の締め切りはいつなのですか？」と聞き、すごくびっくりしました。あんなに美しい文章を書く方が、そんなにギリギリのことをやってらっしゃるんだなと。

小沢　で、村田さんはどっちなの？

村田　締め切り前に出版社さんで書かせてもらったりします。デビューした時、先輩作家さんが締め切りは早目になっていることが多いからまだ大丈夫だと教えてもらったことがありました。

小沢　そんなこと知るな。編集者さんに言われた締め切りだけを知れ！　実際はギリギリなタイプ、ということね。

小沢　あー。これがまた、絵音節だねー。すごくわかるわ、と思うところもあるし。皆さんに聞いてみましょう。

井之脇　「私は黒に沈んでいく」って最後のが、この3週間分、川谷さんの表現を聞いてきて、やっぱり色を使っての表現がうまいなと。「黒に沈んでいく」という言葉だけで想像がつくというか。まわりに黒が広がって、その中に沼地のような黒いところに沈んでいく苦しさみたいなのがあるんだろうなと想像できる、素敵な文だなと思いました。

村田　最後の「私は黒に沈んでいく」の黒が、この文章全体を染め上げている気がします。「ペン」とか「言葉」とか、頭の中に落ちてくる言葉が全部黒で、ペンのインクも真っ黒で、夜の「静寂」という言葉も黒に染め上げられて、そこを読んだ瞬間、急に全部が真っ黒になっていく感じがして、好きでした。

小沢　これはどのように生まれた書き下ろしですか。

川谷　締め切り前って、なんか無になる時があるんです。緊張してたんですけど、急に凪が訪れて、緊張の間というか、急に静かになる時が。とりあえず、その静寂を切り裂くためにもペンを打って書いていくんですけど、もうそうでもしないと、目も心もどんどん暗くなっていくというか。文字ももちろん、さっき言われた通り、黒いし。どんどん文字の黒とか夜だったり、自分の目も閉じていって、どんどん黒くなっていくというか。で、これを超えた後に、本当の締め切りが来るんです。

緊張の凪が訪れて、耐え難い静寂にペンを打つ。
そうでもしないと目も心も閉じていく。
「考えろ」そんな言葉も波を立てれず、
私は黒に沈んでいく。

── 川谷絵音　書き下ろし

川谷絵音
→P9

しめきりはふみきりよりやかましい
つめきりはきれるけど
しめきりはのばせる
くずきりはあまいのに
しめきりはそんなにあまくなかった
こうしてきょうもひがくれる

――金子茂樹　書き下ろし

金子茂樹
→P80

小沢　気になる言葉、ありますか。

川谷　技あり文章みたいな感じですね。歌詞でもない小説でもない、詩というか。関係ないかもしれないですが、全部平仮名だから、平仮名じゃないと伝わらない文章ってあるじゃないですか。締め切り直前って、漢字なんて書いてられないよというのもあったり、焦って書いたら、全部平仮名で自分でも読めなかったりで、イライラするみたいな。締め切り前の感じがちょっとわかるという。

村田　ぱっと見た時に「ははははは」と平仮名が並んでいたり、ところどころオノマトペっぽく感じたり。全部が開いていることによって、不思議さとユーモラスさがあってそれが面白いけれど、よく見るとくずきり食べていますね。なかなか手が動かなくて苦しい感じがやわらかい感触で伝わってきて、面白いです。

小沢メモ

五木寛之がエッセイ集『風に吹かれて』の中でつづった締め切り直前の気持ちがこちら

こういう
ギリギリの瀬戸際に
半ば破滅的な気持ちで
怠けるのは、
得もいわれぬ快楽なのだ

――五木寛之「古新聞の片隅から」

五木寛之（1932年～）
小説家。随筆家。『蒼ざめた馬を見よ』で1967年直木賞受賞。『青春の門 筑豊篇』『大河の一滴』など。

小沢　これもわかるね。さあ、井之脇君。

井之脇　集合時間にどうしても事情があってギリギリじゃないと行けない時とかに、のんびり歩きたくなったりする気持ちがあったりして。忙しい時こそ、ふとしたことでおどけたくなるみたいなことはわかりますね。

川谷　「得もいわれぬ快楽」っていうのは、本当にそうというか。言ったら「嘘の締め切り」……。

小沢　「嘘の締め切り」なんてない！

川谷　「嘘の締め切り」までは、どう考えても仕事しないんで、テレビを見るとかの時間が確かにめちゃくちゃ気持ちいいんですよ。俺は締め切りに左右されていないっていうか、俺はこれが「嘘の締め切り」だってわかってる、ここでやらなくてもいいというのが、すごく気持ちいい時があって。だから、これを見た時に、本当にもうこれが言いたかったなって思いました。

小沢　「嘘の締め切り」なんてない！　まあ、でも気持ちはわかると。

さあ、いろいろな言葉を探してきました、今日振り返ってみて、気に入った言葉は？

川谷　「魂の締め切り」という言葉は、僕もこれから使っていこうと思いました。

小沢　だめ。

川谷　勉強になりました、でも。

小沢　勉強になりましたね。「魂の締め切り」。

参考・引用文献

1章

井伏鱒二「無心状」(『かきつばた・無心状』より。新潮文庫) 版元品切れ
村上春樹『スプートニクの恋人』(講談社)
三島由紀夫『潮騒』(新潮文庫)
樋口一葉「たけくらべ」(『にごりえ・たけくらべ』より。新潮文庫)

2章

三島由紀夫『青の時代』(新潮文庫)
森 鷗外『青年』(岩波文庫)
綿矢りさ『かわいそうだね?』(文春文庫)
太宰 治「川端康成へ」(『もの思う葦』より。新潮文庫)

3章

安部公房「牧草」(『夢の逃亡』より。新潮文庫) 版元品切れ
恩田 陸『チョコレートコスモス』(角川文庫)
武者小路実篤『友情』(新潮文庫)

4章

朝井リョウ「逆算」(『何様』より。新潮文庫)
室生犀星『性に眼覚める頃』 版元品切れ 資料提供:室生犀星記念館
宇佐見りん『推し、燃ゆ』(河出書房新社)
ロマン・ローラン『ジャン・クリストフ』 豊島与志雄 訳(岩波文庫)

5章

夏目漱石　『三四郎』（新潮文庫）
金原ひとみ　『ミーツ・ザ・ワールド』（集英社）
井上ひさし　『吉里吉里人（上）』（新潮文庫）
三浦しをん　『舟を編む』（光文社文庫）
森　絵都　「むすびめ」（『出会いなおし』より。文春文庫）
永井荷風　『歓楽』（夏目書房）

6章

江國香織　『号泣する準備はできていた』（新潮文庫）
小池真理子　『愛するということ』（幻冬舎文庫）
江國香織　『ふりむく』（講談社文庫）
太宰　治　『人間失格』（新潮文庫）

7章

朝井リョウ　『何者』（新潮文庫）
夏目漱石　『彼岸過迄』（新潮文庫）
村田沙耶香　「生存」（『信仰』より。文藝春秋）
夏目漱石　『坊っちゃん』（新潮文庫）
津村記久子　「メダカと猫と密室」（『現代独習ノート』より。講談社）

8章

川端康成　「横光利一弔辞」（『川端康成随筆集』より。岩波文庫）
村山由佳　『猫がいなけりゃ息もできない』（集英社文庫）
林　芙美子　『浮雲』（角川文庫）
加賀乙彦　『宣告（上）』（新潮文庫）
太宰　治　『女生徒』（角川文庫）
五木寛之　「古新聞の片隅から」（『風に吹かれて』より。読売新聞社）

「言葉にできない、そんな夜。」

NHK Eテレで放送の、「エモい」よりもぴったりくる表現を探す教養バラエティ。2021年秋、2022年4月から9月に放送。バラエティに富んだ作品紹介と有名作家による書き下ろし、また豪華ゲスト出演で話題になる。番組MCはスピードワゴンの小沢一敬。第2シーズンは2023年4月から放送中。
公式Twitter　@nhk_kotoyoru

「言葉にできない気持ち」の言語化ノート

2023年6月19日　初版第1刷発行

著　者　NHK「言葉にできない、そんな夜。」制作班
発行者　下山明子
発行所　株式会社　小学館
〒101-8001　東京都千代田区一ツ橋2-3-1
電話（編集）　03·3230·5192
（販売）　03·5281·3555
印刷所　凸版印刷株式会社
製本所　牧製本印刷株式会社

Printed in Japan ISBN978-4-09-389115-8

日本音楽著作権協会（出）許諾第2302710-301号

安部公房『夢の逃亡』（新潮社、1977）
Arranged through Japan UNI Agency, Inc., Tokyo

staff

引用監修　飯間浩明
制作協力　NHKエデュケーショナル
デザイン　澁谷明美
イラスト　小池アミイゴ
編集協力　端山之乃
本文DTP　昭和ブライト
校正　玄冬書林

制作　遠山礼子・斉藤陽子
販売　中山智子
宣伝　鈴木里彩
編集　益田史子